Traumkatze gesucht
Tatjana Mennig

Tatjana Mennig

Traumkatze gesucht

So findest Du die Katze, die zu Dir passt

Eine praktische Anleitung

Hinweis: Katzen sind ausgeprägte Individuen, und jede Katze ist speziell. Es ließ sich nicht umgehen, in diesem Buch gewisse Verallgemeinerungen anzustellen. Genauso wie es für den Charakter einer Rassekatze keine Garantie gibt, kann niemand absolut sicher vorhersagen, wie sich eine Katze entwickeln und verhalten wird. Verlag und Autorin übernehmen keine Haftung für etwaige Sach-, Personen- oder sonstige Schäden, die aus der Umsetzung der in diesem Buch und dessen Bonusmaterial beschriebenen Auswahlmethoden und Zusammenführungsstrategien von Katzen entstehen.

Impressum:
1. Auflage 2018, Tatjana Mennig

Alle Rechte, insbesondere das Recht der Vervielfältigung und Verbreitung sowie der Übersetzung, vorbehalten. Kein Teil des Werkes darf in irgendeiner Form (durch Fotokopie, Mikrofilm oder ein anderes Verfahren) ohne schriftliche Genehmigung des Verlages reproduziert oder unter Verwendung elektronischer Systeme gespeichert, verarbeitet, vervielfältigt oder verbreitet werden.

Umschlaggestaltung & Satz: Corinna Rindlisbacher, ebokks.de
Lektorat: Tom Oberbichler, mission-bestseller.com
Korrektorat: Lara Tunnat, ebokks.de
Titelfoto: Kim Indra Oehne, kio-fotos.de
Grafiken: Clarissa Hagenmeyer
Herstellung & Verlag: BoD- Books on Demand, Norderstedt

ISBN: 9783752822090

Inhalt

Einleitung	**9**
1. Ist eine Katze überhaupt etwas für mich?	**11**
Aus der Praxis	13
Was Du Dir von Deiner Katze wünschst	14
Was Deine Katze sich von Dir wünscht	15
Was Du außerdem brauchst: die Hardware	16
2. Bestandsaufnahme	**19**
Wie und mit wem Du wohnst	20
Deine Gewohnheiten	21
Blick in die Zukunft	22
Aus der Praxis	23
3. Was schwebt Dir vor?	**27**
Das Alter	27
Aus der Praxis	29
Das Geschlecht	33
Die Sache mit der Farbe	36
Was für einen Pelz soll sie tragen?	37
Körperformen	39
Aus der Praxis	40
4. Katzenzucht vs. Tierschutz	**43**
Aus der Praxis	45
5. Die Katze zur Katze	**49**
Wenn mehr als eine, wie viele?	53
Was gegen die Haltung von mehreren Katzen spricht	54
Aus der Praxis	56

6. Die Sache mit dem Freilauf — 61
Was heißt »artgerecht« für Katzen? — 62
Die Vorteile — 64
Die Nachteile — 67
Aus der Praxis — 68

7. Zwischenstand — 75
Die fünf Charaktergruppen — 78
Gruppe A — 80
Gruppe B — 81
Gruppe C — 82
Gruppe D — 84
Gruppe E — 85

8. Beliebte Katzenrassen — 89
Perser und Exotic Shorthair — 92
Siam und Orientalisch Kurzhaar (OKH) — 95
Bengal — 99
Britisch Kurzhaar und Britisch Langhaar — 103
Maine Coon — 107

9. Es geht los: auf Katzensuche — 111
Die Katze aus dem Tierschutz — 113
Die Katze im Sack? — 113
Die passende Katze für alle Lebenslagen — 114
Eine Zweitkatze aus dem Tierheim — 116
Ein Kätzchen aus dem Tierheim — 117
Diese Fragen solltest Du stellen — 118
Die Sache mit den Pinkelkatzen — 124
Die Katze vom Züchter — 126
Einen guten Züchter finden — 127
Kontaktaufnahme — 129
Der erste Besuch — 130
Welche soll(en) es denn sein? — 131

Ein Kaufvertrag muss sein	132
Umständehalber abzugeben: Die Katze von privat	134

10. Schwarze Schafe — 139

11. Gedanken zu glücklichen Beziehungen und ein Dankeschön — 143

Danke schön — 147

Tatjana Mennig & Clarissa Hagenmeyer — 149

Anhang — 151
Buchtipps — 151
Links — 152

Einleitung

Liebe Leserin, lieber Leser,

ich freue mich, dass Du Dich für dieses Buch entschieden hast! Weißt Du warum? Weil ich bei meiner Arbeit als Katzenpsychologin mit so vielen Katzeneltern zu tun habe, deren Probleme schon darin ihre Ursache haben, dass ihre Katzen einfach nicht optimal zu ihnen und/oder ihrer Lebenssituation passen.
Du machst mit dem Lesen von *Traumkatze gesucht* den ersten Schritt, um eine Katze zu bekommen, die wirklich zu Dir passt und mit der Du glücklich wirst – und sie mit Dir. Und das macht mich total happy. Denn ich wünsche mir, dass Menschen und Tiere miteinander glücklich sind – alles andere hat doch keinen Sinn.

Ich heiße Dich herzlich willkommen auf der spannenden Reise durch die Welt der Katzen hin zu der Samtpfote Deiner Träume.
Vielleicht bist Du noch unsicher, ob eine Katze überhaupt zu Dir passt.

Vielleicht hast Du auch schon eine Vorstellung von Deiner Traumkatze und weißt nicht, ob sie wirklich die Richtige wäre.
Ich helfe Dir mit diesem Buch, das herauszufinden.

Wer mit Katzen zu tun hat, weiß: Sie sind große Individualisten und haben sehr unterschiedliche Charaktere. Es gibt viele, viele Vorurteile über die kleinen Flauschis und ganz unterschiedliche Aussagen über ihre Bedürfnisse. Tatsächlich können die Bedürfnisse einzelner Katzen sehr unterschiedlich sein – und deshalb ist es so wichtig, die Katze zu finden, deren Bedürfnisse sich am besten mit dem vereinbaren lassen, was Du ihr bieten kannst.

Lass uns gemeinsam alle Aspekte der Katzenwahl beleuchten, die Katzen und auch Deine eigenen Vorstellungen und Lebensumstände. Du wirst sehen, am Ende dieser Reise weißt Du genau, welche Katze wirklich Deine ist.

Ich wünsche Dir ganz viel Freude mit diesem Buch und viel Erfolg!

Deine Tatjana
Hamburg, im Sommer 2018

1.
Ist eine Katze überhaupt etwas für mich?

Gerade Katzen werden viel zu oft aus einer Laune heraus angeschafft oder weil man gefühlt gar keine Wahl hatte. Sie werden häufig verschenkt oder es wird gar damit gedroht, dass man die kleinen Kätzchen umbringt, wenn sie niemand nimmt – und zwar jetzt, sofort. Was müsste man für ein Unmensch sein, sie einfach ihrem Schicksal zu überlassen!

Auch wird oft behauptet, dass Katzen kaum Arbeit machen und quasi nebenher laufen, ganz anders als beispielsweise ein Hund, der viel Aufmerksamkeit braucht und täglich mehrmals Gassi gehen möchte.

Apropos Hund: Wenn Menschen überlegen, sich einen Hund anzuschaffen, werden meist erst einmal Bücher über Hunderassen gekauft. So verschaffen sich Interessierte schon einmal einen Überblick, welche Hundetypen es überhaupt so gibt und was für ein Hund zu einem passen könnte.

Bei Katzen ist das meist ganz anders: Selbst wenn Menschen nicht völlig ungeplant Katzenmama oder Katzenpapa werden, denken sie oft wenig darüber nach, was für Katzen es so gibt, sondern sie möchten einfach »eine Katze«. Und das, obwohl die Welt unserer Hauskatzen so vielfältig ist. Mittlerweile dürfte es um die einhundert Katzenrassen geben!

Die einzelnen Katzenrassen unterscheiden sich teilweise sehr deutlich voneinander. So gibt es neben den Kurzhaarigen und den Langhaarigen sehr schlanke Rassen wie die Siamesen und Orientalen und sehr kompakte wie die Britisch Kurzhaar. Es gibt Katzen mit dünnem, gewelltem Fell wie die Rexkatzen und solche mit einem extrem dichten, langen Pelz wie die Perserkatzen. Es gibt sogar Katzen, die fast gar kein Fell haben, die sogenannten haarlosen Katzen oder Sphynxe, die übrigens unabhängig voneinander auf verschiedenen Kontinenten entstanden sind.

Anmerkung

Katzenrassen wie Sphynxkatzen und Rexkatzen sind bei uns umstritten – nicht nur weil sie kaum beziehungsweise gar kein Fell haben, sondern weil sie nicht über normal ausgebildete Vibrissen (Schnurrhaare) verfügen und damit in ihrer Wahrnehmung und Orientierung eingeschränkt sind. Ebenfalls verpönt sind bei uns Rassen wie die Munchkin, die auf dackelartig kurzen Beinen daherkommt, was sie in ihrer Sprungkraft einschränkt, oder die Scottish Fold, eine Katze, bei der Faltohren vorkommen, wobei die Ohrspitzen nach vorne umgeklappt sind. Hier ist nicht ein unter Umständen eingeschränktes Hörvermögen das Hauptproblem, sondern der so genannte Letalfaktor, das heißt bei falscher Verpaarung kommt es zur Sterblichkeit von ungeborenen oder sehr jungen Kätzchen. Auch können mit den Faltohren, die durch einen Knorpeldefekt zustande kommen, Probleme im Wirbelsäulen- und Hüftbereich einhergehen.

Aber auch unsere Wald- und Wiesenkatzen ohne Stammbaum unterscheiden sich teilweise sehr deutlich voneinander, und zwar sowohl äußerlich als auch vom Charakter her.

Auch ich wollte anfangs »einfach eine Katze«. Mein Interesse an der spannenden Welt der Rassekatzen kam erst später.

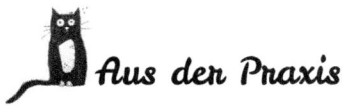# Aus der Praxis

Wie ich auf die Katze kam

Ich war Anfang zwanzig und hatte gerade meine erste kleine Wohnung bezogen. Ich arbeitete damals in einem Büro und unterhielt mich in der Mittagspause mit einer Kollegin, der ich von meinen Überlegungen erzählte, mir eventuell eine Katze anzuschaffen. Ich erwähnte meine Bedenken, einer Katze überhaupt gerecht werden zu können.

Ich hatte zwar, seit ich mich erinnern kann, Haustiere, aber nie einen Hund oder eine Katze. Eine Katze schien mir doch eine andere Hausnummer zu sein als Fische oder Vögel. Ich fühlte mich deshalb sehr verunsichert. Ein Katzenbuch hatte ich schon gekauft und gelesen, ebenso diverse Katzenmagazine, aber ich wusste nicht so recht …

»Wenn du eine Katze willst, dann hol dir doch eine!«, antwortete meine Kollegin leicht genervt. Ich dachte: Was – einfach so?! Das geht doch nicht! So ein Schritt will doch wohlüberlegt sein. Oder mache ich mir vielleicht einfach zu viele Gedanken?

Ich beschloss, einfach einmal ins Tierheim zu fahren und mich dort bei den Katzen umzuschauen. Dort fand ich Katzen in allen Ausführungen – junge Katzen, ältere Katzen, richtig alte Katzen, kurzhaarige, langhaarige, freundliche und ängstliche, sportliche und gemütliche.

Ich war total überfordert. Ich konnte mich nicht entscheiden! Bei keiner machte es so richtig »klick«, und bei keiner konnte ich mir vorstellen, sie bei mir zu Hause zu haben.

Besuche im Tierheim wurden in der nächsten Zeit meine bevorzugte Freizeitaktivität am Wochenende, und obwohl ich bald das Gefühl hatte, dass eine Katze wohl doch nicht das Richtige für mich ist, zog es mich immer wieder dorthin.

Eines Tages entdeckte ich sie dann: Katze »Susi«, abgegeben, weil ihre Besitzer ins Pflegeheim gekommen waren, acht Jahre alt, getigert mit weißen Abzeichen und unglaublich fett. Sie hatte große Augen, mit denen sie wie ein Auto in die Welt schaute, und ihre Zunge hing ein Stückchen heraus. Als ich an ihren Käfig trat, schmiss sie sich sofort an das Gitter und wollte beschmust werden.

Da machte es bei mir so was von »klick«, und ich wusste: die oder keine!

Diese Katze wurde meine allererste Katze und ich wandelte ihren Namen leicht ab in »Schmusi«.

Seitdem kann ich mir ein Leben ohne Katze nicht mehr vorstellen, und ich bin froh, dass ich damals nicht aufgegeben habe!

Was Du Dir von Deiner Katze wünschst

Schauen wir uns jetzt Deine Motivation an.
Warum möchtest Du eine Katze haben?

Vielleicht möchtest Du ein fröhliches Wesen zu Hause haben, das begeistert auf Deine Spielangebote eingeht.

Vielleicht liebst Du die Schönheit und Eleganz einer gepflegten, gesunden Katze im Zimmer und erfreust Dich an ihrem Anblick.

Vielleicht begeistern Dich ihr unabhängiges Wesen und ihre majestätische Art.

Vielleicht möchtest Du ein kleines Wesen lieb haben, es umsorgen und für es da sein.

Vielleicht möchtest Du abends nicht in eine leere, leblose Wohnung kommen und Deinen Feierabend mit einem schnurrenden und flauschigen Kätzchen auf dem Sofa genießen.

All das können Katzen Dir geben, denn ihre Charaktere sind so unterschiedlich!

Was Deine Katze sich von Dir wünscht

Damit die Gleichung aufgeht, müssen aber auch die Wünsche und Bedürfnisse Deiner Katze erfüllt werden.

Eine Katze braucht Deine Aufmerksamkeit, möchte aber vielleicht nicht damit überschüttet werden.

Vielleicht möchte sie gerne bei Dir sein, aber nicht angefasst werden – übrigens ein ganz häufiges Missverständnis zwischen Katzen und ihren Menschen, wenn uns nicht bewusst ist, dass Mieze nicht (mehr) gestreichelt werden möchte und wir die subtilen Zeichen übersehen, die sie uns gibt.

Vielleicht ist sie aber auch ein großer, großer Menschenfreund und möchte am liebsten ständig ganz nah bei Dir sein.

Vielleicht möchte sie Dich für sich alleine haben.

Vielleicht ist ihr Leben aber auch erst mit einem oder mehreren Katzenkumpeln vollständig.

Vielleicht möchte sie nicht nur ab und zu einmal spielen, sondern jeden Tag mehrmals und intensiv.

All das können Katzen brauchen, denn ihre Charaktere sind so unterschiedlich!

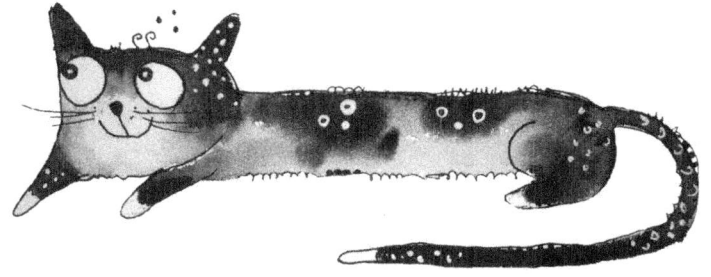

Was Du außerdem brauchst: die Hardware

Das hier gilt für alle Katzen: Eine Katze baucht mindestens ein Katzenklo, das penibel sauber gehalten wird, täglich drei- bis viermal möglichst hochwertiges Futter, sauberes Trinkwasser zur freien Verfügung, verschiedene Aussichts- und Ruheplätze, katzengerechte Kletter- und Kratzmöglichkeiten, täglich Zeit mit Dir, die nur ihr gehört, eine gute Betreuung, wenn Du im Urlaub bist und sie nicht mitnehmen kannst (die meisten Katzen möchten auch gar nicht mit), und viel Geduld und Verständnis von Dir, denn sie ist nun einmal eine Katze und unter Umständen kapriziös.

Und Du brauchst – ganz wichtig – auch das nötige Kleingeld. Wenn jemand sagt: »Ich kann mir keine Rassekatze leisten«, frage ich mich oft, ob die- oder derjenige sich überhaupt eine Katze leisten kann, denn eine Katze läuft auch finanziell eben nicht kaum spürbar nebenbei. Hochwertiges Futter ist teuer und für stets saubere Katzentoiletten musst Du einiges an Katzenstreu anschleppen, was auch nicht gerade billig ist.

Für eine tolle Erstausstattung inklusive möglichst vieler stabiler Kratz- und Klettermöglichkeiten kannst Du problemlos einen vierstelligen Betrag ausgeben, wobei die Ansprüche natürlich wiederum von dem Temperament Deiner Traumkatze(n) abhängen.

Planst Du gar, Deinen Garten katzensicher zu machen, kannst Du richtig viel Geld investieren. Damit ein Garten zuverlässig ausbruchssicher für Deine eigene Katze ist, aber auch einbruchssicher, was fremde Katzen angeht, brauchst Du unter Umständen eine aufwendige Umzäunung, die um die zwei Meter hoch ist.

Auch ein stabiler Insekten- oder Katzenschutz vor dem Fenster oder der Terrassentür kostet einiges, ist aber eine sehr gute Investition, falls Deine Katze nicht frei draußen herumlaufen darf oder sie das Wetter inakzeptabel findet.

Du solltest außerdem ein gewisses finanzielles Polster haben, um sie optimal medizinisch versorgen zu lassen, wenn sie einmal krank wird oder sich verletzt – oder Du investierst in eine Krankenversicherung für Tiere. Alternativ kannst Du jeden Monat einen gewissen Betrag auf einem »Katzenkonto« beiseitelegen. Diverse Diagnoseverfahren beim Tierarzt können schnell mehrere hundert Euro kosten, dazu kommen dann die Kosten für die Heilbehandlung. Es gibt Katzen, die bis ins hohe Alter nie ernsthaft erkranken, aber es gibt auch Katzen, die schon im jugendlichen Alter operiert werden müssen oder an einer chronischen Krankheit leiden und ihr Leben lang eine spezielle Diät oder auch Medikamente brauchen. Tatsächlich landen immer wieder Katzen im Tierheim, weil ihre Menschen sich das einfach nicht leisten können.

Dass Rassekatzen in dieser Hinsicht anfälliger sind, würde ich übrigens nicht uneingeschränkt unterschreiben. Und eine Garantie gibt es sowieso nicht, sprich: Eine »rasselose« Katze ist nicht automatisch supergesund.

Zusammenfassung

Überlege Dir gut, ob eine Katze in Dein Leben passt. Denn die wenigsten Katzen sind wirklich so anspruchslos, wie man es ihnen teilweise nachsagt. Du brauchst Zeit für sie zum Spielen, zum Kuscheln oder um einfach für sie da zu sein – und zwar jeden Tag. Manche Katzen sind sehr aufgeweckt und langweilen sich schnell und werden dann unter Umständen destruktiv. Katzen können auch krank werden, was wiederum teuer werden kann.

Auf der anderen Seite geben sie so viel zurück und erfreuen einen mit ihrem Wesen, ihrer Schönheit und ihrer Zuneigung. Ich gehöre zu den Menschen, die sich ein Leben ohne Katze nicht vorstellen können, auch wenn es manchmal anstrengend ist.

Es ist mir einfach ein Bedürfnis, mein Leben mit einem Wesen zu teilen, das auf meinen Schutz und meine Fürsorge angewiesen ist. Und diesen Schutz und diese Fürsorge gebe ich von Herzen, weil ich dieses kleine Wesen über alles liebe. Wie ist es mir Dir, wenn Du an eine Katze denkst? Sagst Du auch mit strahlenden Augen »JA«?

2.
Bestandsaufnahme

Du hast nun einen allerersten Überblick über die allgemeinen Fragen rund um eine Katze in Deinem Leben bekommen.

Gehen wir jetzt daran herauszufinden, was konkret Du einer Katze bieten möchtest. Denn so erhältst Du schon Hinweise darauf, was für eine Katze zu Dir passen könnte.

Nimm Dir jetzt bitte einen Zettel und einen Stift – vielleicht magst Du Dir auch ein kleines Notizbuch zulegen, in dem Du Dir alles notieren kannst, was mit Deiner Katzensuche und später Deiner Katze zu tun hat, zum Beispiel wann sie zu Dir kam, wann sie Geburtstag hat, wann sie weswegen beim Tierarzt war und vieles mehr. Du hast dann immer alles zur Hand, was später von großem Wert sein kann. Ich finde auch ein Katzenalbum mit Fotos toll.

Notiere bitte die Antworten auf die folgenden Fragen, die alle wichtig sind in Bezug auf das Leben mit Katzen. Sei dabei ehrlich mit Dir selbst und beschreibe den Ist-Zustand, nicht den Wunsch-Zustand.

Wenn Du nicht so lebst, wie Du gerne leben würdest, überlege, was Du in absehbarer Zeit ändern könntest oder welche Veränderung sogar demnächst ansteht. Wenn Du zum Beispiel kurzfristig im Job von Vollzeit auf Teilzeit gehst oder auch umgekehrt, kannst Du bereits die neuen Lebensumstände angeben. Dasselbe gilt für einen geplanten Umzug oder eine anstehende Geburt.

In den beiden letzteren Fällen würde ich Dir übrigens dringend empfehlen, mit der Anschaffung noch zu warten: Ein Umzug ist für die allermeisten Katzen ein sehr stressiges Ereignis. Ein neues Baby wiederum lässt den meisten frischgebackenen Eltern kaum Zeit für anderes.

Wie und mit wem Du wohnst

Lebst Du in der Stadt oder auf dem Land, in einer Wohnung oder in einem Haus?

Wie viele Zimmer hast Du zur Verfügung und wie viele Quadratmeter Wohnfläche?

Dürfte Deine Katze überall hin oder wird es Tabuzonen geben?

Gibt es einen oder mehrere Balkone, die Deine Katze auch nutzen dürfte?

Oder könnte Deine Katze sogar ganz nach draußen, entweder gesichert oder ganz frei?

Bist Du Single oder lebst Du in einer festen Partnerschaft?

Hast Du Kinder?

Wie stehen die übrigen Mitglieder Deines Haushalts zu dem Thema Katze?

Hast Du bereits eine oder mehrere Katzen?

Mach Dir klar, dass die wenigsten Katzen von der Idee begeistert sind, ihr Revier mit einem (weiteren) Artgenossen zu teilen. Katzenzusammenführungen erfordern meist einen gewissen Aufwand und viel Geduld. Mehr zu dem Thema »Die Katze zur Katze« findest Du in Kapitel V.

Deine Gewohnheiten

Wie viele Stunden bist Du täglich aus dem Haus?

Hast Du einen geregelten Tagesablauf oder bist Du beispielsweise im Schichtdienst tätig?

Wie gestaltest Du Deine Freizeit – eher zu Hause oder eher woanders?

Hast Du oft Besuch?

Bist Du mehr der aktive Typ oder der gemütliche?

Wie großen Wert legst Du auf Ordnung und Sauberkeit?

Kannst Du Dir vorstellen, täglich ausgiebig mit Deiner Katze zu spielen?

Kannst Du Dir vorstellen, täglich Zeit in ihre Körperpflege zu investieren?

Kann Deine Katze Dein neues Hobby werden, in das Du viel Zeit und Energie investierst?

Hast Du Lust, Dir immer wieder neue Dinge für sie auszudenken?

Blick in die Zukunft

Wie wird Dein Leben voraussichtlich in zehn oder fünfzehn Jahren wohl sein?

Wirst Du dann schon ein älterer Mensch sein, der womöglich nicht mehr so mobil ist wie jetzt?

Wirst Du anders wohnen oder vielleicht sogar in eine andere Region umziehen?

Möchtest Du später Kinder haben?

Wirst Du eher mehr Zeit erübrigen können als jetzt oder eher weniger?

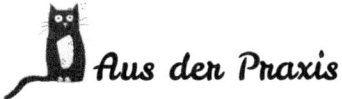# Aus der Praxis

Kevin wohnte mit seinen beiden Katzen Lilli und Billy in einer Wohngemeinschaft, die aus insgesamt vier jungen Männern bestand. Als einer der Mitbewohner auszog und ein neuer Mieter für sein Zimmer gesucht wurde, fiel die Wahl auf Michael, der ebenfalls ein großer Katzenfreund war. Michael brachte seinen Kater Paul mit.

Obwohl die Wohnung sehr groß war, gab es kurz nach dem Einzug von Michael und Paul Katzenkrieg: Für Lilli war es absolut inakzeptabel, einen Eindringling in ihrem Revier zu dulden – und das machte sie auch unmissverständlich klar. Der arme Paul war völlig verängstigt und hatte als »Einzelkind«, das ohne Artgenossen aufgewachsen war, keine Idee, wie er mit der Situation umgehen sollte.

Bald lebte Paul mehr oder weniger unter dem Bett in Michaels Zimmer, und wann immer Lilli Gelegenheit hatte, durch die Tür ins Zimmer von Michael zu schlüpfen, rannte sie schnurstracks unter das Bett und verprügelte den armen Kater.

Wir erarbeiteten verschiedene Maßnahmen zur erneuten Zusammenführung wie eine Optimierung der Ressourcenlage, das heißt tolle Ruheplätze, Futterplätze und Katzentoiletten im Überfluss, außerdem ein gezieltes Training mit Lieblingsleckerlis und Spieleinheiten, bei dem Lilli, Billy und Paul in Gegenwart der jeweils anderen Katzen tolle Erfahrungen machten. Man bezeichnet dieses Training als Gegenkonditionierung, bei dem ein als unangenehm empfundener Artgenosse durch angenehme Erlebnisse positiv verknüpft wird.

Eigentlich waren die Maßnahmen recht erfolgreich. Trotzdem musste man immer ein Auge auf Lilli und Paul haben, und wenn niemand zu Hause war, war es für Paul sicherer, wenn er allein und mit geschlossener Tür in Michaels Zimmer war.

Kevin fand diesen Zustand höchst suboptimal und entschied, Lilli und Billy wegzugeben, weil er ohnehin im nächsten Jahr ins

Ausland gehen würde und die Katzen nicht würde mitnehmen können.

Mich machte dieser Fall sehr nachdenklich: Ist es überhaupt richtig, sich eine Katze anzuschaffen, wenn die eigene Zukunft noch nicht absehbar ist?

Wenn Du nicht genau weißt, ob eine Katze in einigen Jahren immer noch in Dein Leben passt, könntest Du nach einer alten Katze Ausschau halten. Im Tierheim sitzen immer wieder arme Katzensenioren, die kaum Chancen auf eine Vermittlung haben. Bedenke aber, dass alte Katzen das eine oder andere Zipperlein oder sogar eine chronische Krankheit haben können, die den Einsatz von Medikamenten oder einer speziellen Diät erforderlich machen.

Vielleicht wäre die Lösung für Dich aber auch, Deinen Haushalt als Pflegestelle für Tierschutzkatzen zur Verfügung zu stellen. Das bedeutet, dass Du vorübergehend eine oder mehrere Katzen bei Dir aufnimmst, bis sie in ein dauerhaftes Zuhause vermittelt werden. Der Haken an der Sache ist, dass es passieren kann, dass Du die eine oder andere Katze, die Dir ans Herz gewachsen ist, früher wieder abgeben musst als Dir lieb ist. Nicht jeder kann das. Auf der anderen Seite ist diese Lösung eine Win-win-Situation für alle drei Seiten: Der Tierschutzverein bekommt Unterstützung durch Dich, eine oder mehrere Katzen müssen nicht irgendwo im Käfig sitzen und Du musst nicht ohne Katze leben.

> ### Zusammenfassung
> Bevor Du überlegst, welche Eigenschaften Du Dir von Deiner Katze genau wünschst, brauchst Du Klarheit darüber, was Du ihr überhaupt bieten kannst. Eine Bestandsaufnahme hilft Dir dabei. Es hat keinen Sinn, dass Du beispielsweise eine junge, lebhafte Katze übernimmst, die mehr oder weniger draußen

aufgewachsen ist, wenn Du in einer kleinen Wohnung lebst, täglich zehn Stunden außer Haus bist und Dich abends einfach nur auf dem Sofa lümmeln möchtest. Genauso ist es ungünstig, eine gemütliche Katze, die gerne ihre Ruhe hat, in einen lebhaften Haushalt mit kleinen Kindern zu holen.

Bei der Auswertung Deiner Notizen hilft Dir Kapitel VII, wo Du verschiedene Tabellen findest, in die Du Deine Ergebnisse eintragen kannst. Die Tabellen kannst Du außerdem hier herunterladen:

www.felis-felix.de/traumkatze-gesucht-bonusbereich
Passwort: Traumkatze2018

3.
Was schwebt Dir vor?

Jetzt schauen wir uns an, was für eine Katze Dir vorschwebt und ob Deine Traumkatze tatsächlich zu Dir passt. Denn manchmal stellt sich ja heraus, dass unser Traumauto, unser Traumhaus, unsere Traumfrau oder unser Traumprinz in Wirklichkeit gar nicht zu uns passen. Und das kann auch für Katzen gelten …

Nimm bitte ein weiteres Blatt Papier zur Hand und oder schreibe auf eine neue Seite in Deinem Notizbuch. Notiere, welche Erkenntnisse Du für Dich aus den folgenden Abschnitten ziehst:

Das Alter

Viele Menschen wünschen sich ein süßes Kätzchen.

Es spricht auch einiges dafür: Wenn Du die Kleine sorgfältig ausgesucht hast und sie umsichtig aufziehst, kannst Du mit einer gewissen Sicherheit davon ausgehen, dass Du keine »verkorkste« Katze bekommst. Sie ist in vielen Teilen ein noch unbeschriebenes Blatt und Du hast es in der Hand, ihr zu helfen, zu einer ausgeglichenen, angenehmen Hausgenossin zu werden.

Die Katze wächst bei Dir auf und Du stimmst sie auf Dich

ab. Du kannst ihr alles zeigen und beibringen, was in ihrem späteren Leben bei Dir wichtig sein wird.

Du siehst sie größer werden, und sie wächst Dir dabei von ganz allein ans Herz. Vielen Leuten geht es auch so, dass sie zu einem Katzenkind einfach eine engere Beziehung aufbauen können als zu einer ausgewachsenen Katze, die aus zweiter Hand kommt.

Aber Du weißt ja, es gibt immer eine Kehrseite der Medaille.

Ein Kätzchen erfordert sehr viel Aufmerksamkeit in den ersten Wochen und Monaten. Es sollte jemand zu Hause sein und die Kleine im Umgewöhnungsprozess begleiten können. Schließlich verliert sie alles, was sie bisher kannte, und im seltensten Fall wird sie schon so alt sein, dass ihre Mutter sie mehr oder weniger deutlich aufgefordert hat zu verschwinden. Übrigens sollte ein Kätzchen keinesfalls jünger als 12 Wochen sein, bevor es in ein neues Zuhause geht. Doch dazu später mehr.

Du solltest also am besten ein paar Tage Urlaub nehmen, wenn Du Dir das Katzenkind holst, damit der kleine Wurm nicht gleich jeden Tag stundenlang allein zu Hause ist.

Es gibt auch noch einen ganz profanen Grund, warum Du ein Kätzchen in den ersten Wochen nicht zu lange alleine lassen solltest: So ein kleines Katzentier muss viel öfter fressen als eine ausgewachsene Katze, weil der kleine Magen noch nicht viel Nahrung fassen kann und der ganze Verdauungsapparat von Katzen auf viele kleine Mahlzeiten eingestellt ist. Der Verdauungstrakt eines Katzenkindes ist empfindlicher als der einer ausgewachsenen Katze, und für eine optimale Entwicklung sollte der kleine Organismus alle paar Stunden mit Nahrung versorgt werden. Morgens und abends ein Schälchen Futter hinzustellen, ist also viel zu wenig! Mindestens vier-, besser sechsmal am Tag möchte so ein Kätzchen gefüttert werden. Morgens, mittags, nachmittags und spätabends sollte also mindestens jemand da sein, um das neue Familienmitglied zu verköstigen.

Auch wenn Du gleich zwei Kätzchen ausgesucht hast, ist es von größtem Vorteil, wenn Du anwesend bist. So lässt Du keine Gelegenheit aus, den kleinen Rabauken klarzumachen, was erlaubt ist und was nicht. Katzen lassen sich nämlich durchaus erziehen! Je nach Charakter ist die Katzenerziehung leichter oder schwieriger.

Zuweilen gibt es Katzenkinder, die sich schwer damit tun zu begreifen, dass zum Beispiel die menschliche Haut empfindlich gegen Kratzer und Bisse ist, und es ist fast schon normal, dass frischgebackene Katzeneltern in den ersten Wochen mit zerkratzten Händen und Beinen herumlaufen. Das kann schon an den Nerven zerren!

Katzenmütter sind übrigens recht streng mit ihrem Nachwuchs. Freundlicherweise hat die Mama im Normalfall auch schon die Erziehung zur Stubenreinheit übernommen. Anders als ein Hundewelpe macht ein Katzenkind tatsächlich weitaus weniger Arbeit, was diesen Punkt angeht.

Dafür steht es in puncto Lebhaftigkeit einem kleinen Hund in nichts nach. Und das ist ein ganz wichtiges Thema! Ich kenne nicht wenige Katzeneltern, die mit den Youngstern ziemlich überfordert sind.

Aus der Praxis

Im Januar 2017 mussten wir unsere alte, kranke Katze Daisy einschläfern lassen. Viele Jahre hatten wir alte Katzen gehabt, die alle umständehalber zu uns kamen. Die letzten Kätzchen hatten vor über zwanzig Jahren bei uns gelebt.

Das Zusammenleben mit einer alten Katze ist nicht immer leicht. Wie bei uns Menschen auch, verlieren Senioren hier und da die Kontrolle über ihre Körperfunktionen, und alte Katzen neigen dazu, häufiger zu erbrechen.

Mein Mann wollte einmal im Leben eine Rassekatze haben,

und zwar einen blauen Britisch-Kurzhaar-Kater, den er selbst aufziehen wollte.

Nach gründlicher Analyse unserer Lebensumstände und unserer Lebensart stellten wir fest, dass diese Rasse tatsächlich sehr gut zu uns passt, und machten uns auf die Suche nach zwei geeigneten Kätzchen.

Im Februar 2017 zogen dann unser Plumbum und unsere Dorle bei uns ein – und stellten unseren geruhsamen Haushalt gründlich auf den Kopf!

Auf einmal erinnerten wir uns daran, dass alte Katzen durchaus ihre Vorteile haben. Sie möchten nicht mehr ständig spielen und fangen auch nicht an Unsinn zu machen, wenn man einmal keine Zeit für sie hat. Sie wissen, wie man sich in einem menschlichen Haushalt benimmt.

Vor allem war unser Plumbum als Kätzchen ein rechter Wildfang. Sogar den Klassiker »Gardinen hochklettern« hat er nicht ausgelassen, und immer mussten wir achtsam sein, dass er in wilder Jagd nicht irgendwo herunterfiel.

Am schlimmsten aber war seine Erziehungsresistenz in Bezug auf Kratzen und Beißen.

Leider hatten er und seine Schwester im Züchterhaushalt ein sehr lustiges Spiel entwickelt, das so geht: Wenn ein Mensch auf dem Fußboden sitzt, lege man sich unauffällig neben ihn, lege alle vier Pfötchen an die Beinbekleidung des Menschen, fahre die Krallen aus und ziehe sich auf diese Weise einmal um den Menschen herum.

Meine Hose kann ich ja ersetzen, aber auf die Löcher und Kratzer in meiner Haut bin ich absolut nicht scharf!

Weil die beiden Kätzchen bereits fünf Monate alt waren, als sie zu uns kamen, und zu Hause wohl ziemliche Narrenfreiheit gehabt hatten, haben sie lange Zeit nicht einsehen wollen, warum das plötzlich nicht mehr okay war.

Plumbum hat über einen Monat gebraucht, bis er halbwegs gesellschaftsfähig war (und hat uns in dieser Zeit viele peinliche Momente mit Besuchern beschert, die sich ihre schmerzenden

Oberschenkel rieben und das Vorurteil bestätigt fanden, dass die Kinder von Psychologen die Schlimmsten sind).

Die kleine Dorle, die einen schweren Start ins Leben hatte und mit der Flasche aufgezogen wurde, ist ein wenig entwicklungsverzögert und hat es bis heute nicht zuverlässig drauf, die Krallen von menschlicher Haut zu lassen. Dummerweise ist sie so unglaublich niedlich, was die Erziehung total untergräbt – wir können ihr einfach nicht böse sein!

Wenn Du also absolut keine Lust hast auf eingerissene Gardinen, unpassende Kratzspuren auf Haut, Kleidung und Möbeln, fordernde Energiebündel und ständiges Aufpassen, sondern von Anfang an eine Katze haben möchtest, die sich ordentlich benimmt und ohne Probleme tagsüber alleine klarkommt, ist eine ältere Katze Deine erste Wahl.

Etwa ab dem vierten, fünften Lebensjahr sind Katzen so richtig erwachsen und werden deutlich gesetzter.

Was natürlich nicht heißt, dass alle älteren Katzen automatisch ruhig und mit wenig Aufwand zu halten sind! Eine achtjährige Bengal ist höchstwahrscheinlich lebhafter und hat mehr Unsinn im Kopf als ein Perserkitten.

Wenn Du selbst zu den älteren Semestern gehörst, ist in die Überlegung mit einzubeziehen, dass Katzen durchschnittlich zwischen fünfzehn und zwanzig Jahre alt werden. Vielleicht wird es irgendwann zu beschwerlich, die Säcke mit Katzenstreu nach Hause zu schleppen oder Deine Katze zum jährlichen Tierarztbesuch zu kutschieren. Auch wenn das jetzt hart klingen mag, muss ich es ansprechen: Wenn Du irgendwann in ein Pflegeheim umziehen musst, wirst Du Deine Haustiere höchstwahrscheinlich nicht mitnehmen können.

Eine ältere Katze aufzunehmen, ist bei sorgfältiger Auswahl eine tolle Sache, und ich finde es großartig, dass viele Menschen aus Prinzip keine Kätzchen nehmen, weil Katzenkinder eine viel größere Chance haben, ein neues Zuhause zu finden als ältere Katzen, die aus irgendeinem Grund abgegeben werden.

Ab und zu muss eine schon richtig alte Katze ein neues Zuhause finden. Diese Katzensenioren sind oft wirklich bezaubernd. Sie brauchen nicht mehr viel an Action und Spieleinheiten (wenn überhaupt) und sind dankbar und zufrieden, wenn sie ein behagliches Plätzchen bekommen, an dem sie ihren letzten Lebensabschnitt verdösen können.

Manche tun sich schwer mit der Umgewöhnung, denn alte Leute sind nicht mehr so flexibel wie jüngere, das gilt bei Katzen genauso wie bei uns Menschen. Diese alten Damen und Herren brauchen besonders viel Verständnis.

Es kann auch sein, dass sie bereits das eine oder andere Zipperlein haben und in ihrer Beweglichkeit einschränkt sind. Vielleicht brauchen sie Medikamente. Die Verdauung funktioniert vielleicht nicht mehr perfekt und es landet nicht immer alles im Katzenklo, was dort hineingehört. Häufiges Erbrechen kommt vor und ist oft auch ein Anzeichen dafür, dass etwas nicht stimmt, weshalb Du mit einer alten Katze unter Umständen häufiger beim Tierarzt bist.

All das sollte Dir bewusst sein, wenn Du in Erwägung ziehst, einem Katzensenioren einen Alterssitz anzubieten. Wenn Du eine sehr fürsorgliche Ader hast und über das nötige Kleingeld verfügst und womöglich abzusehen ist, dass sich Deine Lebenssituation in den nächsten Jahren verändert, ist aber vielleicht genau so ein altes Fellchen die richtige Wahl für Dich.

Das Geschlecht

Die Frage der Fragen – Junge oder Mädchen?

Falls Du überlegst, gleich zwei Miezen zu adoptieren, oder vielleicht auch schon eine Katze hast, würde ich grundsätzlich empfehlen, eine gleichgeschlechtliche Gruppe anzustreben.

Forschungen von Paul Leyhausen und Rosemarie Schär haben gezeigt, dass mehr oder weniger frei lebende Katzen wie etwa auf Bauernhöfen dazu neigen, gleichgeschlechtliche Gruppen zu bilden.

Leyhausen fand heraus, dass Kater sich gerne für gewisse Zeitintervalle zusammenschließen und quasi gemeinsam die Gegend unsicher machen, und prägte den Begriff »Bruderschaften« bei Katern. Ähnlich wie beim menschlichen Pendant herrscht in diesen Bruderschaften ein recht rauer Umgangston und Newcomer müssen sich ihren Platz hart erkämpfen. Dafür halten die Kater zusammen wie Pech und Schwefel und verteidigen gemeinsam das Revier. Leyhausens Ansicht nach ist diese Form des Gruppenlebens bei Katzen übrigens auch die einzige, bei der es eine echte Rangordnung gibt.

Auch die weiblichen Katzen bilden Gemeinschaften, in denen es allerdings wesentlich zärtlicher zugeht. Vor allem bei der Jungenaufzucht unterstützen sich die Mitglieder dieser Kätzinnengruppen gegenseitig, was so weit gehen kann, dass die Jungen gegenseitig gesäugt und gemeinsam verteidigt werden.

Diese Betrachtungen geben bereits einen Einblick, wie unterschiedlich die Geschlechter bei Katzen doch gestrickt sind – wobei ich betonen möchte, dass gerade hier immer wieder Ausnahmen die Regel bestätigen. So gibt es sehr feminine Kater auf der einen und durchaus rauflustige Katzenmädels auf der anderen Seite. Im Normalfall ist es aber doch so, dass Kätzinnen weniger draufgängerisch sind als Kater, vor allem in jungen Jahren; auch das wieder ein auch bei uns Menschen nicht unbekanntes Phänomen …

Auch wenn Deine Katze draußen frei herumlaufen darf, darf das Geschlecht in die Überlegungen mit einbezogen werden: Kater haben einen wesentlich größeren Aktionsradius. Das sogenannte Streifgebiet kann bei Katern dreieinhalbmal so groß sein wie bei Kätzinnen.

Bauernhofkatzen bewegen sich laut Rosemarie Schär zwischen einhundert und eintausend Meter von ihrem engeren Heimbezirk weg, wobei davon auszugehen ist, dass die Kater diejenigen sind, die die weitesten Strecken zurücklegen.

Unkastrierte Kater laufen auch noch wesentlich weiter, um zu einer rolligen, also paarungsbereiten Katze zu gelangen. Für unsere Überlegungen spielt das allerdings eine untergeordnete Rolle, denn selbstverständlich werden unsere Katzen kastriert und dürfen vorher auch nicht unbeaufsichtigt nach draußen. Warum das selbstverständlich sein sollte, erfährst Du in Kapitel IV, Katzenzucht vs. Tierschutz.

Daraus folgt auch, dass ein Kater in der Regel etwas mehr Bewegung braucht als ein Katzenmädchen. Er wird höchstwahrscheinlich mehr für wilde, temporeiche Jagdspiele zu begeistern sein als sie.

Vor allem aber möchte ein Kater normalerweise raufen. Auch wenn Fellbüschel fliegen, ist es für ihn immer noch Spiel, vorausgesetzt, es wird nicht gefaucht, geknurrt oder geschrien.

Das sieht allerdings das zartere Kätzinnenwesen ganz anders. Was für den Kater noch Spiel ist, ist für sie bereits eine körperliche Übergriffigkeit und überhaupt nicht lustig. Das ist auch der Grund dafür, dass viele Kater-Kätzin-Beziehungen mit der Zeit in die Brüche gehen.

An dieser Stelle kurz der erhobene Zeigefinger: Ich rate Dir dringend davon ab, selbst mit Deinem kleinen Rowdy zu raufen! Es kann passieren, dass der wilde kleine Mann im Eifer des Gefechts seine gute Erziehung vergisst und die Krallen einsetzt. Je größer er wird, desto unangenehmer ist das.

Sich gegenseitig anzufallen, ist gerade unter Katern eine gängige Spielaufforderung, und ich habe viele Katzen kennengelernt, die das dann bei Menschen genauso machen, also scheinbar aus dem Nichts Hände und Füße angreifen. Das sollte aber besser nicht sein, denn wir möchten ja nicht ständig um die Unversehrtheit unserer Extremitäten fürchten müssen.

Auf der anderen Seite können Kater ihren Menschen gegenüber extrem liebevoll und verschmust sein. Das gilt allerdings genauso für weibliche Katzen, auch wenn viele Katzeneltern sagen, dass Katzenmädchen distanzierter sind.

Wenn Du das erste Mal Katzenmama oder Katzenpapa wirst, würde ich Dir empfehlen, Dich nicht unbedingt von vornherein festzulegen, was das Geschlecht angeht. Oft ist es auch einfach Gefühlssache. Du wirst das dann merken, wenn Du die Katzen kennenlernst, die in die engere Wahl kommen.

Die Sache mit der Farbe

Viele Menschen wissen ganz genau, welche Farbe ihre zukünftige Katze haben soll. Manche Menschen sind außerdem der festen Überzeugung, dass die Farbe einer Katze Einfluss auf ihren Charakter hat.

Nach einer amerikanischen Studie sollen besonders weibliche Katzen, die das Gen für die Farbe Rot tragen (vornehmlich Schildpatt- und dreifarbige Katzen, so genannte Glückskatzen), sowie schwarz-weiße und grau-(»blau«-)weiße Katzen vermehrt zu Aggressionen gegenüber Menschen neigen.

Bei uns haben rote Katzen den Ruf, besonders temperamentvoll zu sein. Das könnte unter Umständen aber auch damit zusammenhängen, dass rothaarige Menschen als aufbrausend gelten und das unbewusst übertragen wird. Tigerkatzen sollen besonders mutig und abenteuerlustig sein, weiße Katzen gelten als distanziert, ruhig und wählerisch, schwarze als unauffällige und angenehme Hausgenossen.

Ob es tatsächlich einen Zusammenhang zwischen Fellfarbe und Temperament gibt, bleibt meiner Meinung nach spekulativ. Oft erlebt man seine Lieben ja auch ganz anders als Außenstehende das tun. So kann man die eigene Katze total lieb finden, während Besucher sie eher als aggressiv bezeichnen würden.

Meine Erfahrungen als Katzenexpertin (während ich dies schreibe, kann ich auf rund fünfhundert Katzen zurückblicken, die ich näher kennenlernen durfte) bestätigen das alles jedenfalls nicht.

Selbst wenn es eine Tendenz geben sollte, kannst Du Dich keinesfalls darauf verlassen, dass die Fellfarbe einer Katze Rückschlüsse auf ihren Charakter zulässt. Der Charakter wird nämlich nicht nur durch die Gene bestimmt, sondern auch durch Einflüsse während der frühen Kindheit und durch spätere Lernerfahrungen.

Wenn Dir also eine bestimmte Fellfarbe vorschwebt: warum nicht? Das Einzige, was höchstwahrscheinlich nicht klappt, ist ein dreifarbiger Kater, ein Kater in Schildpatt oder ein Kater in Blau-Creme, denn diese Farben kommen normalerweise nur bei weiblichen Katzen vor.

Was für einen Pelz soll sie tragen?

Während also die Fellfarbe nicht unbedingt etwas über das Temperament aussagt, ist das bei der Felllänge schon eher der Fall.

Grundsätzlich sind kurzhaarige Katzen ein wenig lebhafter als langhaarige. Bei den Rassekatzen haben die Agilsten das feinste und dünnste Fell (Siamkatzen, Orientalisch Kurzhaar und Bengalen) und die Ruhigsten das längste und dichteste (Perserkatzen).

Bei denjenigen Rassen, von denen es kurzhaarige wie langhaarige Varianten gibt, gilt ebenfalls, dass die mit längerem Fell tendenziell etwas ruhiger sind als die Kurzhaarigen. Beispiele sind Britisch Kurzhaar/Britisch Langhaar, Perser/Exotic

Shorthair, Siam/Balinese, Orientalisch Kurzhaar/Javanese. Mehr Informationen zu diesen Rassen findest Du übrigens in Kapitel VIII.

Noch wichtiger bei der Entscheidung, ob wallende Mähne oder praktische Kurzhaarfrisur, ist allerdings der Pflegeaufwand. Der ist bei Perserkatzen mit ihrer sehr dichten Unterwolle wirklich extrem – wenn Du nicht wenigstens jeden zweiten Tag alles gründlich kämmst und bürstest, bilden sich sofort Verfilzungen, die ernsthafte Probleme bereiten können. Immer häufiger tritt diese Problematik auch bei Maine Coon Katzen auf.

Es ist auch ein Stück Arbeit, ein kleines Kätzchen daran zu gewöhnen, sich geduldig an allen Körperstellen frisörtechnisch behandeln zu lassen. Wird das versäumt und macht sie gar die Erfahrung, dass das Bürsten ziept oder sogar richtig wehtut, hast Du für die Fellpflege schlechte Karten. Und ich verstehe diese Katzen so gut! Ich werde nie vergessen, wie ich es als Kind hasste, wenn meine Mutter mir die langen Haare kämmte – es ziepte entsetzlich! Es ist kein Zufall, dass meine Haare heute selten länger werden dürfen als zehn Zentimeter …

Ich kenne einige Perserkatzen, die jährlich geschoren werden müssen, und das scheint mir nicht so recht das Gelbe vom Ei zu sein, vor allem dann nicht, wenn sie dafür jedes Mal in Narkose versetzt werden müssen. Ich kenne allerdings auch Perserkatzen, die sichtlich erleichtert sind, wenn sie ihre Matte los sind, weil sie selbst mit der Fellpflege total überfordert waren und es herrlich finden, wenn nicht bei jeder Mahlzeit das ganze Brustfell vollkleckert. So betrachtet stelle ich mir die Frage, ob nicht weniger mehr wäre bei der Rassekatzenzucht.

Du solltest allerdings auch wissen, dass viele Kurzhaarkatzen Weltmeister im Haaren sind. Sie haaren wirklich alles und jeden voll, und die kurzen Haare bohren sich gerne in Textilien hinein.

Unsere Daisy, eine kurzhaarige Glückskatze, brachte mich einmal sehr in Verlegenheit, als ich eine Kollegin zu Besuch hatte. Diese setzte sich in Daisys Lieblingssessel, und ich hatte vergessen, das im Sessel befindliche Kissen vorher zu enthaaren. Besagte Kollegin erzählte mir später, dass sie noch nie eine so dermaßen vollgehaarte Hose hatte wie nach dem Besuch bei mir – und wir Katzenprofis fühlen uns ohne Katzenhaare an der Kleidung ja schon fast unvollständig …

Es kann also nicht schaden, auch eine Kurzhaarkatze ans Bürsten zu gewöhnen.

Körperformen

Noch stärker als bei der Fellbeschaffenheit gibt es einen Zusammenhang zwischen der Körperform und dem Temperament.

Es gilt, dass die Masse in Relation zur Lebhaftigkeit steht, was nicht wirklich überraschend ist.

Auch hier bilden die Siamesen und die Perser die beiden Extreme. Während Letztere in der Regel echte Couchpotatoes sind und spieltechnisch recht schnell zufriedengestellt werden können, gelten Siamkatzen als äußerst anspruchsvoll, was die Beschäftigung und das Maß an menschlicher Zuwendung angeht. Sie sind äußerst helle Köpfe, die Herausforderungen brauchen und sich sehr schnell langweilen. Ohne ausreichende Ansprache entwickeln sie bald Unsitten oder gar problematische Verhaltensweisen.

Eine Katze mit gemäßigtem Körperbau, sprich eine Katze, die aussieht wie eine ganz normale Hauskatze, hat mit sehr großer Wahrscheinlichkeit auch ein mittleres Temperament, wie man es von einer Katze auch erwarten würde; das heißt, sie spielt und jagt sehr gerne, kann aber auch viele Stunden am Stück ruhen.

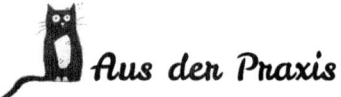# Aus der Praxis

Kim hatte über lange Jahre einen Perserkater. Dieser Kater war ihr Ein und Alles, und als er starb, brach für sie eine Welt zusammen. Als echte Katzenmama war ihr schnell klar, dass sie es ohne Katze nicht aushält.

Obwohl sie das spezielle, ruhige Wesen von Perserkatzen liebte, wollte sie auf keinen Fall wieder eine solche Katze, weil sie ständig an den schmerzlichen Verlust erinnert werden würde. Sie suchte deshalb nach einem möglichst großen Kontrast und entschied sich, zwei Bengalkätzchen zu adoptieren, Mogli und Balu.

Bengale sind lebhafte, elegante Katzen mit einem sehr schönen Fell in atemberaubenden Farben und Mustern, die teilweise an Schneeleoparden erinnern. Allerdings stellen sie auch sehr hohe Ansprüche an die Haltung, weil sie sehr aufgeweckt sind und die ursprünglichen Instinkte noch weitestgehend intakt sind, das heißt sie haben zum Beispiel einen ausgeprägten Jagdtrieb.

Kim war sehr schnell mit den beiden Wirbelwinden überfordert, die in der Küche den Mülleimer ausräumten und ihrem kleinen Sohn den Schnuller aus dem Mund klauten, und brauchte professionelle Hilfe. Bei meinem Besuch wurde rasch klar, dass Mogli und Balu hoffnungslos unterfordert waren und aus purer Langeweile Dinge zerstörten und ihre Katzenmama als Kletterbaum missbrauchten. Wir stellten ein sehr umfangreiches Beschäftigungsprogramm aus viel interaktivem Spiel und immer wieder neuen Futterbeschäftigungen auf die Beine.

Kim besorgte sich professionelle Spielangeln mit austauschbaren Anhängern und spielte jeden Tag mehrmals lebhafte Beutespiele mit den beiden Bengalen, die dabei spektakuläre Luftsprünge vollführten, bei denen deutlich wurde, wie unglaublich temperamentvoll diese Katzen sind. Es mussten immer wieder neue sogenannte Intelligenzspielzeuge her, in denen Leckerlis und

Trockenfutter versteckt werden und die Katzen sie sich dann erarbeiten können.

Die Maßnahmen halfen zwar sehr gut, ließen der jungen Mutter aber nur noch sehr wenig Freizeit, in der sie einfach nur mal die Beine hochlegen konnte. Da sie Mogli und Balu sehr liebte, blieb sie trotzdem am Ball. Wenn sie vorher gewusst hätte, wie anspruchsvoll Bengalen sind, hätte sie sich allerdings für eine andere Rasse entschieden.

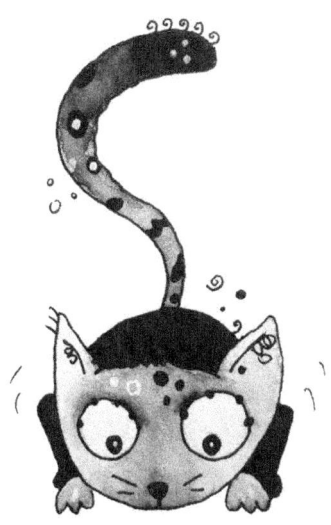

Zusammenfassung

Ein Kätzchen aufzuziehen, ist ein tolles Abenteuer, und sorgfältiges Aussuchen erhöht die Wahrscheinlichkeit, dass Du eine tolle Katze bekommst, die perfekt zu Dir passt. Auf der anderen Seite fordern Katzenkinder sehr viel von Deiner Zeit – sie zu beobachten ist einfach schön, aber Du solltest ihnen auch klarmachen, was sie dürfen und was nicht – und meist gehen ein paar Dinge zu Bruch.

Eine alte Katze wiederum braucht sehr viel Verständnis und Fürsorge und kann im Unterhalt schnell teuer werden, wenn sie wegen diverser Zipperlein oft zum Tierarzt muss oder gar chronisch erkrankt.

Möchtest Du eine Katze, die nicht mehr alles austestet, die ausgewachsen, aber noch nicht gebrechlich ist, ist eine Katze im mittleren Alter eine sehr gute Wahl.

Wenn Du schon eine Katze hast, ist es günstig, wenn Deine neue Katze das gleiche Geschlecht hat und in einem ähnlichen Alter ist.

Ansonsten darf es ruhig eine Entscheidung aus dem Bauch heraus sein, wobei Kater oft lebhafter sind und mehr Bewegung brauchen als weibliche Katzen.

Je mehr Fell sie hat, desto ruhiger ist eine Katze in der Regel. Mit der Felllänge erhöht sich allerdings der Pflegeaufwand! Auf der anderen Seite können Kurzhaarkatzen sehr stark haaren.

Möchtest Du eine lebhafte Katze, schau nach einer mit schlankem Körperbau. Wenn Du lieber eine ruhige, gemütliche Katze magst, wirst Du mit einer kompakt gebauten Katze glücklicher werden.

4.
Katzenzucht vs. Tierschutz

Zahlreiche Tierschützer fordern ein Zuchtverbot für Hunde und Katzen, damit erst einmal die Tierheime leer werden, bevor gezielt wieder neue Tiere produziert werden. Das ist für viele Menschen, die an Katzen denken, ein brisantes Thema.

Auch wenn ein Zuchtverbot ein gut gemeinter Ansatz ist, ist er meiner Meinung nach nicht hilfreich.

Die Katze ist das beliebteste, sprich das häufigste Haustier in Deutschland. Das ist nicht unbedingt so gut, wie es auf den ersten Blick scheinen mag. Denn leider übersteigt dennoch das Angebot bei Weitem die Nachfrage. Katzen sind an jeder Ecke für wenig Geld oder sogar umsonst zu haben. Ich kenne gar nicht wenige Katzeneltern, die ein oder zwei Kätzchen aus dem Urlaub auf dem Bauernhof mitgebracht haben, weil es hieß, dass die ansonsten ertränkt werden. Das macht schon deutlich, dass Katzen nicht unbedingt immer wertgeschätzt werden. Der zahlreiche Katzennachwuchs ohne Stammbaum wird meist viel zu früh von der Mutter getrennt, verschleudert, verschenkt, ausgesetzt, im Müll entsorgt oder gleich getötet.

Die Anzahl der halbwild in Deutschland lebenden Katzen wird auf mehrere Millionen geschätzt und nimmt eher zu als ab. Katzen können sich nämlich rasant schnell vermehren. Und das tun sie auch, wenn sie unkastriert ins Freie dürfen. Tierschützer und Tierärzte arbeiten unermüdlich (und ehrenamtlich) daran, Katzen draußen einzufangen und zu kastrieren.

Das ist wunderbar – und leider nur ein Tropfen auf den heißen Stein. Denn solange es Menschen gibt, die sich über diese Problematik keine Gedanken machen und ihre unkastrierten Katzen frei draußen herumstromern lassen, wird sich an der dramatischen Situation nichts ändern.

Und selbst wenn wir annehmen, alle Katzenfreunde hätten ein Einsehen und würden keinen unkastrierten Kater und keine unkastrierte Katze mehr ins Freie lassen, bliebe die Problematik der herrenlosen Streunerkatzen bestehen.

Um das in den Griff zu bekommen, müsste erreicht werden, dass flächendeckend und über das ganze Jahr Katzen und Kater eingefangen und kastriert werden.

Eine zeitlich und/oder räumlich begrenzte Aktion bringt nicht den gewünschten Erfolg: Ein kastrierter Kater wird draußen innerhalb kurzer Zeit durch einen nichtkastrierten Kater ersetzt, insbesondere wenn es im Umkreis unkastrierte Kätzinnen gibt. Und dieser Radius kann wirklich groß sein – ein Hauskater schafft durchaus mehrere Kilometer Fußweg in einer Nacht.

Das bedeutet, dass immer wieder sämtliche Kater eingefangen und kastriert werden müssten, so lange, bis kein intaktes Exemplar mehr nachrücken kann. Ich schätze nicht, dass das je der Fall sein wird.

Der Anteil der sorgfältig gezüchteten Rassekatzen an der gesamten Katzenpopulation ist dagegen sehr gering, sodass sich ein Zuchtverbot auf die Lage der Wald- und Wiesenkatzen kaum auswirken würde. Denn das Problem im Tierschutz ist nicht die Zahl der adoptierten Katzen, sondern die Zahl der immer wieder nachkommenden Tiere.

Die Entscheidung, ob Du eine Katze aus dem Tierschutz möchtest oder eine vom Züchter, ist also ganz allein Deine Sache, und niemand ist ein besserer oder schlechterer Mensch, weil er eine Katze mit oder ohne Stammbaum haben möchte.

 **Aus der Praxis**

Vor über zwanzig Jahren hatten wir uns entschieden, uns nach einer Rassekatze umzusehen. Mein damaliger Freund und ich waren zusammengezogen. Ich brachte meine erste Katze Schmusi mit, er seinen Kater Felix.

Felix hatte immer mit einem anderen Kater zusammengelebt, der leider kurz zuvor verstorben war. Felix war eine der sehr geselligen Katzen, die nicht gut ohne Artgenossen zurechtkommen.

Meine Schmusi dagegen war eine absolute Einzelgängerin, wie wir leidvoll feststellen mussten. Was wir auch veranstalteten, Schmusi wollte Felix den Garaus machen, und nach vielen Wochen vergeblicher Bemühungen entschlossen wir uns, für Schmusi ein neues Zuhause zu suchen.

Das fanden wir zum Glück auch, aber nun war die Frage, wen wir Felix zugesellen könnten, ohne wieder diesen Albtraum Katzenkrieg zu riskieren.

Es war für mich wirklich sehr schlimm gewesen, Schmusi abgeben zu müssen, und so etwas wollte ich nie wieder tun müssen.

Die einzige Möglichkeit, die uns überzeugte, war ein Kätzchen vom Züchter, das wir zur Not einfach wieder in sein altes Zuhause zurückbringen könnten.

Es ist ohnehin wesentlich leichter, ein Kätzchen zu integrieren als eine ausgewachsene Katze, die mit ziemlicher Sicherheit als echter Konkurrent im Revier empfunden wird – und der arme Felix hatte in der letzten Zeit wirklich genug gelitten.

Wir mussten gar nicht so lange suchen und fanden ein kleines Exotic Shorthair Katerchen. Exotic Shorthair ist quasi die Kurzhaarversion der Perserkatze. In den späten 1980er-Jahren war die Perser- und Exotic-Zucht noch nicht so ins Extrem gegangen wie heute, das heißt unser Katerchen, das mit vollem Namen Gaylord von Eickeloh hieß, hatte noch ein richtiges Näschen.

Er war ein wenig klein und ein mäkeliger Fresser, und ich verliebte mich schnell in ihn. Die Vergesellschaftung mit Felix klappte hervorragend, und weil die Züchterin, als sie ihn zu uns nach Hause brachte, zu Felix sagte: »Das ist ein Baby, da musst du ganz lieb zu sein!«, hieß der Kleine bald nur noch Baby.

Zwanzig Jahre später lernte ich übrigens den neuen Kater einer Katzenmama kennen, die ich vor einigen Jahren beraten hatte und deren Katze leider viel zu früh verstorben war. Als ich den Kleinen sah, blieb mir fast die Luft weg und ich musste mich erst einmal setzen: Der kleine Kerl war meinem Baby von damals wie aus dem Gesicht geschnitten, nur dass er eine viel zu kleine Nase hatte. Ansonsten stimmte einfach alles – die Rasse, die Farbe, die Farbverteilung, die Größe, das Wesen.

Aber ganz anders als unser Baby kam dieser kleine Mann nicht aus einem seriösen Züchter-Zuhause, sondern aus dem Tierheim: Man hatte ihn im Alter von wenigen Wochen in einer Mülltonne gefunden!

Wenn Du Dich also für eine bestimmte Rasse interessierst, schaue auch einmal im Tierheim vorbei oder recherchiere im Internet. Du hast zwar bei einer Rassekatze aus zweiter Hand immer ein erhöhtes Risiko von Erbkrankheiten, und es kann sein, dass die Kleine bereits nicht so schöne Dinge erlebt hat, aber vielleicht findest Du hier Dein Baby und kannst ihm einen Neustart in ein schöneres Leben ermöglichen.

Zusammenfassung

Es ist meiner Meinung nach nicht richtig, Tierschutz und (seriöse) Katzenzucht gegeneinander auszuspielen. Für beides gibt es überzeugende Argumente, und ich finde, dass weder das eine noch das andere besser oder schlechter ist. Ich glaube nicht, dass ein Zuchtverbot irgendetwas an der desolaten Situation unserer halbwild lebenden Wald- und Wiesenkatzen und deren zahlreicher Nachkommenschaft ändern würde.

Eine Katzenzucht muss seriös gepflegt werden, denn ohne die nötige Sachkunde und Sorgfalt vermehrte Rassekatzen laufen beiden Ansätzen zuwider und verschlimmern das Katzenelend. Dazu und zu der Frage, was eine seriöse Katzenzucht ausmacht, mehr in Kapitel IX, Die Katze vom Züchter.

5.
Die Katze zur Katze

Die Frage, ob Katzen nun Einzelgänger sind oder nicht, wird in Katzenkreisen teilweise mit einem fast religiösen Eifer diskutiert. Viele Katzenfreude und -experten gehen auf die Barrikaden, wenn sie hören, dass jemand plant, eine Katze alleine zu halten oder dies bereits tut. »Gerade wenn man viel außer Haus ist, braucht die Katze einen Artgenossen, um sich die Zeit zu vertreiben!«, heißt es. Überhaupt seien Katzen keine Einzelgänger. Zuweilen höre ich sogar, dass Katzen Rudeltiere sind.

Rudeltiere? Ich denke, die einzigen Katzen, auf die das ohne Wenn und Aber zutrifft, sind Löwen.

Ich würde allerdings auch nicht so weit gehen zu behaupten, alle anderen Katzen wären Einzelgänger. Gerade die kleineren Katzenarten sind teilweise tendenziell durchaus gesellschaftsfähig.

Die Wissenschaft geht davon aus, dass die Hauskatze von der Afrikanischen Wildkatze oder Falbkatze (Felis silvestris lybica) abstammt. Die Falbkatze ist per se ein Einzelgänger. Allerdings ist in den letzten Jahrzehnten zu beobachten, dass das so pauschal gar nicht mehr stimmt. Ab und zu gibt es in der afrikanischen Wildnis auch kleinere oder größere Falbkatzen-Gruppen, ähnlich wie es bei uns auf oder in der Nähe von Bauernhöfen, Friedhöfen oder öffentlichen Parkflächen teilweise viele Katzen auf relativ engem Raum gibt.

Dieses Phänomen hat ganz viel mit dem Futterangebot beziehungsweise der Beutetierdichte zu tun: Je mehr Futter zu finden ist, desto kleiner werden die einzelnen Katzenreviere. Gibt es Futterressourcen im Überfluss, ist es möglich, dass einander sympathische Katzen sogar recht eng zusammenrücken (vgl. Kapitel III zum Thema Geschlecht).

Ich betone immer gerne, dass sich bei Katzen alles um die Revierfrage dreht beziehungsweise um die Frage der Revierinhaberschaft.

Weil Katzen eben keine Rudeltiere sind, gibt es bei ihnen bis auf sehr wenige Ausnahmen auch keine feste Rangordnung.

Es geht nur darum, wem das Revier gehört. Leben zwei Katzen zusammen und eine von beiden ist immer zuerst am Futter, drängelt die andere immer weg, wenn gespielt wird, und vertreibt sie immer von den besten Ruheplätzen, macht die »dominante« Katze klar, wem das Revier gehört.

Meist ist es in diesem Fall so, dass das Revier aus Katzensicht zu wenige Ressourcen bietet, um locker für zwei zu reichen. Das bedeutet für beide einen Dauerstress (eine muss ständig sichern und verteidigen, die andere bekommt einfach keinen Fuß in die Tür), und in diesem Fall würde es für beide keinen Verlust bedeuten, wenn die andere Katze verschwindet.

Oft hört man, dass eine Katze regelrecht aufgeblüht ist, als der vermeintliche Partner nicht mehr da war – besonders dann, wenn sie immer die zweite Geige gespielt hat. Das ist ja auch kein Wunder: Endlich konnte sie selbst zur Revierinhaberin werden, was für Katzen essenziell wichtig ist. Die meisten dieser Katzen hätten überhaupt kein Problem damit, als Einzelkatze zu leben.

Gerade wenn Du ein Kätzchen adoptierst, sieht die Sache allerdings ein wenig anders aus: Im günstigsten Fall verlassen die Kleinen im Alter von drei bis vier Monaten ihr Elternhaus. Das ist aber immer noch viel zu jung, um in der Natur alleine zu leben!

Wenn wir uns einmal anschauen, wie groß Tierkinder in der Natur schon sind, wenn sie von ihrer Mutter verstoßen werden, um alleine zu leben, fällt auf, dass die Youngster schon ziemlich erwachsen aussehen. Tatsächlich sind sie bei kleinen Katzenarten meist sechs bis acht Monate alt, wenn sie erstmals auf sich allein gestellt sind. Das sind eindeutig keine Kinder mehr.

Ein zwölf Wochen altes Kätzchen schon. Deshalb ist es immer schöner, wenn ein so junges Katzentier nicht plötzlich völlig ohne Artgenossen leben muss, und in der Regel ist es auch kein Problem, Katzen in diesem zarten Alter mit anderen Katzen zu vergesellschaften.

Eine andere Frage ist, wie lange das gutgeht. Sehr oft werde ich zu Hilfe gerufen, wenn Katzen erwachsen werden und sich plötzlich nicht mehr verstehen, obwohl sie als kleine Kätzchen so innig miteinander waren. Jetzt sind sie nämlich keine unbedarften Kinder mehr, sondern territoriale Wesen, die nicht mehr unbedingt bereit sind, ihr Revier mit dem oder den anderen zu teilen.

Oder sie haben ganz unterschiedliche Vorstellungen davon entwickelt, welche Aktivitäten Freude machen und welche nicht.

Der Klassiker sind Kater und Kätzin. Selbst Wurfgeschwister können früher oder später einen Punkt erreichen, an dem es einfach nicht mehr passt: Kater lieben Raufspiele, welche die Katzendamen wiederum schnell als übergriffig empfinden; auch darüber hatte ich ja schon in Kapitel III gesprochen.

Es kann aber auch sein, dass Katzen sich einfach unsympathisch geworden sind, weil sie charakterlich nicht gut zusammenpassen. Sie haben sich quasi auseinandergelebt.

Gibt das Revier genug her und ist vor allem auch genügend Raum vorhanden, um sich aus dem Weg zu gehen, ist alles so weit gut. Gibt es Ressourcenengpässe oder einfach zu wenig Platz, kann aus der Antipathie leicht ein Groll werden und der Wunsch aufkommen, das Revier für sich allein zu haben.

Dummerweise kann niemand das Feld räumen, zumindest nicht, wenn eine reine Wohnungshaltung vorliegt, die Katzen also nicht frei nach draußen können.

Der Gedanke, einer Katze einen Artgenossen zum Zeitvertreib zuzugesellen, ist also im Prinzip nicht schlecht; einfach irgendwelche Katzen zusammenzuwürfeln, funktioniert aber meist nicht. Erstens muss das Revier für mehrere Katzen taugen und zweitens muss es unter den Katzen selbst passen!

Wenn Du überlegst, gleich zwei Kätzchen zu adoptieren (und dazu würde ich auch raten), schau, dass Du zwei Katzenkinder findest, die ähnlich im Temperament erscheinen und möglichst das gleiche Geschlecht haben.

Auch sollte ihre leibliche Katzenmama kein notorischer Einzelgänger sein, sonst ist die Wahrscheinlichkeit groß, dass auch ihre Kinder später die Gesellschaft von Artgenossen überhaupt nicht schätzen.

Hast Du bereits eine Katze, sollte die Neue altersmäßig nicht zu weit entfernt und ähnlich lebhaft oder ruhig sein. Grundsätzlich sollten beide auch das gleiche Geschlecht haben – es sei denn, Du hast eine sehr burschikose Katzendame oder auch einen ziemlich mädchenhaften Kater. In diesem Fall könnte es genau anders herum funktionieren!

Wenn Du für Dich entschieden hast, dass Du nur eine Katze haben möchtest, finde ich das völlig in Ordnung. Ich würde Dir aber dann unbedingt empfehlen, kein Kätzchen aus einem Wurf auszusuchen, sondern Dich nach einer ausgewachsenen Katze umzuschauen, die schon einige Jahre als Einzelkatze lebt oder zumindest älter als acht Monate ist. In diesem Alter ist sie nämlich kein Katzenkind mehr, sondern eine Jungkatze, die mental nicht mehr dringend auf Artgenossen angewiesen ist. Ideal ist es natürlich, wenn sie selbst keinen großen Wert (mehr) auf Katzengesellschaft legt. Wenn Du gerne eine Rassekatze haben möchtest, kann es gut sein, dass Du bei einem Züchter fündig wirst: Es kommt immer wieder vor, dass einzelne Katzen sich nicht gut in die Gruppe integrieren oder gar von den anderen gemobbt werden und deshalb ein neues Zuhause suchen.

Wenn mehr als eine, wie viele?

Auch diese Frage beantworte ich nicht pauschal!

Es gibt die eine oder andere Faustregel, zum Beispiel: Halte nie mehr Katzen, als Zimmer zur Verfügung stehen, und nie mehr als, Hände zum Streicheln da sind.

Was die Katzen selbst angeht, sieht jede das vermutlich anders.

Es gibt sehr gesellige Katzen, die super zu sechst miteinander auskommen, aber die meisten anderen würden sich damit schwer tun. Zwar funktioniert es meist sehr gut, wenn sich zum Beispiel auf Pflegestellen, im Tierheim oder in der Katzenpension fünf, sieben oder zehn Katzen ein Zimmer teilen, aber die scheinbare Harmonie kommt nicht unbedingt daher, dass alle happy miteinander sind, sondern schon eher daher, dass keine blöd genug ist, sich mit allen anzulegen. Es ist also meist eher eine diplomatische Waffenruhe, die da eingehalten wird, mit der Hoffnung auf bessere Zeiten.

Ich denke, ein guter Ansatz ist dieser Gedanke: Alle wichtigen Ressourcen in einem Katzenrevier sollten in mehr als ausreichender Anzahl vorhanden sein, das heißt Anzahl der Katzen plus eins. Diese Faustregel wird oft zitiert bei der Frage, wie viele Katzentoiletten man anbieten sollte, gilt aber auch für alle anderen Ressourcen: Futterplätze, Ruheplätze, Aussichtsplätze, Kratz- und Klettermöglichkeiten und sogenannte Quality Time mit dem Sozialpartner Mensch, also Zeiteinheiten, die wir mit unserer Katze verbringen und ganz allein ihr gehören. Bei vier Katzen hast Du also schon fünf Katzenklos herumstehen, fünf Kratzbäume oder adäquate Alternativen, fünf gleichwertige Ruheplätze, fünf Top-Fensterplätze zum Ausgucken und so weiter – und zwar nicht alles nebeneinander, sondern über Deine ganze Wohnung oder Dein ganzes Haus verteilt.

Und die Zeit, die Du mit voller Aufmerksamkeit jeder einzelnen Katze schenken solltest, wird nicht weniger, je mehr Katzen Du hast, sondern mehr – zumindest wenn alle Katzen menschenbezogen sind.

Bedenke auch, dass die Wahrscheinlichkeit, dass es Ärger in der Katzengruppe gibt, der in handfesten Auseinandersetzungen und/oder Unsauberkeit gipfeln kann, höher wird, je mehr Katzen bei Dir zusammenleben.

Was gegen die Haltung von mehreren Katzen spricht

Wenn Deine Katze schon seit vielen Jahren alleine lebt oder sie geradezu aufgeblüht ist, seitdem sie Einzelkatze geworden ist, oder einfach rundherum glücklich und zufrieden erscheint, ist es aus meiner Sicht ein höchst fragwürdiges Vorhaben, ihr (wieder) eine Mitkatze zu geben.

Ich sage Dir: Lass lieber alles so, wie es ist. Deine Katze wird sich unter diesen Bedingungen aller Voraussicht nach sehr, sehr schwer an die Idee gewöhnen können, ihr Leben mit einer anderen Katze zu teilen. Vielleicht ist das für sie sogar ein absolutes No-Go, und Du würdest niemandem einen Gefallen damit tun, ihr um jeden Preis einen felinen Partner an die Seite zu stellen. Es wäre Stress für Deine alte Katze, Stress für die neue Katze, Stress für Dich und alle anderen Mitglieder Deines Haushaltes.

Es gibt Tiere (und auch Menschen), die sich mit jedem Artgenossen verstehen und bei denen eine Vergesellschaftung denkbar einfach ist. Bei Schwarmfischen ist das zum Beispiel so. Die fühlen sich erst dann wohl, wenn neben, unter und über ihnen viele andere ihrer Art sind. Es gibt Arten, die keinesfalls ihr Leben alleine fristen sollten. Rudeltiere oder Herdentiere ohne Artgenossen zu halten, ist nicht artgerecht und Tierquälerei.

Ganz anders ist es bei Tieren, die territorial sind – dass bedeutet, einzelne Individuen oder auch Gruppen besetzen ein Revier und verteidigen es gegen Artgenossen. Katzen sind, wie bereits gesagt, solche Tiere. Die einzigen Katzen, die grundsätzlich ein Revier im Rudel besetzen oder dies jedenfalls anstreben, sind Löwen. Kleine Katzenarten wie die Nordafrikanische Wildkatze sind von Haus aus Einzelgänger.

Der Sozialkontakt beschränkt sich bei kleinen Katzenarten in der Regel auf die Paarung und die Jungenaufzucht. Für solche Naturen ist es mitunter sehr schwer, einen oder sogar mehrere Artgenossen neben sich zu dulden – und Fremde werden von Revierinhabern grundsätzlich vertrieben.

Und genau das ist ursprünglich auch das Wesen unserer Hauskatzen. Deswegen können Zusammenführungen von Katzen auch ausgesprochen delikat sein.

Manche Katzen sind anders. Es gibt Katzen, die anderen Katzen gegenüber extrem aufgeschlossen sind und jede fremde Katze freundlich begrüßen, sogar im eigenen Revier. Es versteht sich, dass eine solche Katze wirklich nicht allein gehalten werden sollte. Das ist das eine Extrem.

Das andere Extrem ist der notorische Einzelgänger. Für solche Katzen ist jede andere Katze der Feind und wird bis aufs Blut bekämpft. Wenn Deine Katze sofort und ohne Vorwarnung andere Katzen angreift, ist sie höchstwahrscheinlich so ein überzeugter Einzelgänger.

Aus der Praxis

Moritz war ein bildschöner Langhaarkater, der schon öfter das Zuhause wechseln musste, weil er dazu neigte, seine Menschen zu kratzen und zu beißen. Tina und Jürgen hörten von ihm, als er wieder einmal auf der Suche nach neuen Katzeneltern war.

Sie verliebten sich sofort in den prächtigen Kater und beschlossen, ihn zu sich zu holen. Sie hatten zwar bereits vier Katzendamen, wollten Moritz aber unbedingt retten. Anfangs lief es überraschend gut. Moritz war ein sehr freundlicher Kater, der nur ganz selten einmal »handgreiflich« gegen seine neuen Katzeneltern wurde. Mit den vier Katzendamen gab es aus Tinas und Jürgens Sicht ebenfalls keine Probleme.

Eines Abends kamen Tina und Jürgen von der Arbeit nach Hause und fanden ihre Katze Amy unter dem Bett versteckt. Im Flur und im Wohnzimmer war Blut. Moritz hatte sich in das Arbeitszimmer verzogen, und die anderen drei Katzen wirkten aufgeregt. Es hatte zwischen Amy und Moritz hier und da schon ein Knurren oder ein Fauchen gegeben, aber die Katzeneltern stuften das nicht als besorgniserregend ein.

Jetzt aber war nicht mehr zu übersehen, dass die ganze Katzengruppe aus dem Gleichgewicht geraten war. Wir trennten Moritz von den vier Katzendamen und gaben allen erst einmal Zeit, sich wieder zu beruhigen und ihre Alltagsroutine wiederzufinden.

Als Nächstes gab es ein umfangreiches Training an einer Gitter-

tür mit allen fünf Katzen. Moritz machte seine Sache ganz toll, und nach einigen Monaten war sogar zwischen ihm und Amy ein freundlicher Kontakt am Gitter möglich.

Wider Erwarten ging das erste Öffnen der Gittertür in fataler Weise schief. Sobald der Spalt groß genug war, schoss Moritz hindurch und griff Amy sofort an. Fellbüschel flogen, es gab ein furchtbares Geschrei, einen Panik-Pinkel-Unfall und eine verletzte Katzenpsychologin trotz großer Pappe zum Trennen. Es war, gelinde gesagt, extrem unerfreulich.

Moritz hatte genau gewusst, dass er nicht durch das Gitter kann, und sich genau so verhalten, wie seine Menschen es sich gewünscht haben. Aber sobald er seine Chance hatte, zeigte er sein wahres Gesicht und tat alles, um die Revierinhaberschaft ein für alle Mal klar zu machen.

Ich bin absolut davon überzeugt, dass auch Tiere Theater spielen können und mitunter unglaublich raffiniert sind.

Warum aber war es die erste Zeit nach Moritz' Ankunft gutgegangen? Es gibt bei Katzen ein ungeschriebenes Gesetz: Je länger eine Katze ein Revier innehat, desto besser ist ihre Position als Revierinhaber. Kommt man als Katze in ein fremdes Revier, zieht man in der Regel den Kürzeren, egal wie groß oder stark man ist. Es fehlt dem Eindringling einfach das nötige Selbstvertrauen im fremden Revier.

Amy und ihre Mitkatzen waren sehr entspannte Revierinhaber und äußerst gesellige Katzen. Deshalb hatten sie Moritz vergleichsweise gut akzeptiert – solange dieser sich als Gast fühlte und benahm. Moritz dagegen konnte recht bald ein gesundes Selbstvertrauen aufbauen, weil niemand das Revier gegen ihn verteidigte, und beschloss eines Tages, das Revier zu übernehmen. Dafür musste er an Amy vorbei, die für ein Katzenmädchen erstaunlich groß und breit war. Wie sich zeigte, hatte sich an diesem Plan trotz des vermeintlich erfolgreichen Trainings nicht das Geringste geändert.

Zum Glück gibt es mehr extrem gesellige Katzen als extrem einzelgängerische Katzen. Das Feld dazwischen ist in der Tat weit, und jede Katze tickt ein wenig anders. Die meisten lassen sich mit viel Geduld und Diplomatie an den Gedanken gewöhnen, ihr Revier mit einer anderen Katze zu teilen. Ob das tatsächlich für sie das Beste ist oder nur unserer Vorstellung eines erfüllten Lebens entspricht – das zu beurteilen, ist oft gar nicht so leicht.

Zusammenfassung
Wenn Du planst, ein junges Kätzchen unter einem halben Jahr zu Dir zu holen, wäre es schön, wenn es nicht alleine leben muss. Denn so lange würde eine junge Katze in der Natur mindestens mit ihren Geschwistern bei der Mutter bleiben und wäre, auf sich allein gestellt, nur sehr bedingt überlebensfähig, denn es braucht viel Übung, ein erfolgreicher Jäger zu werden.

Geschwister aus einem Wurf harmonieren oft sehr gut; meist ist es auch kein Problem, wenige Monate alte Kätzchen verschiedener Herkunft aneinander zu gewöhnen, weil ihre Territorialität sich erst noch entwickelt. Allerdings bedeutet das nicht automatisch, dass sie sich auch als erwachsene Katzen noch so gut verstehen.

Gleich und gleich gesellt sich gern! Deshalb ist es wichtig, dass die Katzen vom Temperament und vom Alter her ähnlich sind. Eine gleichgeschlechtliche Gruppe funktioniert in der Regel besser als eine gemischtgeschlechtliche, vor allem wenn sie nur aus zwei Katzen besteht. Ausnahmen bestätigen die Regel.

Ausgewachsene Katzen haben ein sehr unterschiedlich ausgeprägtes Bedürfnis nach Katzengesellschaft – es gibt wirklich gesellige Katzen, und es gibt notorische Einzelgänger. Die Geselligkeit hängt davon ab, wie sie selbst aufgezogen wurden, wie gesellig ihre Katzenmütter waren und welche Erfahrungen sie mit anderen Katzen gemacht haben.

Grundsätzlich ist es keine gute Idee, eine Katze, die schon viele Jahre als Einzelkatze gelebt hat oder aber seit dem Verlust einer Mitkatze merklich aufgelebt ist, mit anderen Katzen zu vergesellschaften.

Alte Katzen, die sich als Straßenkatzen durchschlagen mussten, schätzen meist einen Altersruhesitz, der nur ihnen alleine gehört.

Dagegen sollte eine Katze, die gerne Katzengesellschaft um sich hat, auf keinen Fall alleine leben müssen. Bei den Rassekatzen gehören die schlanken Orientalen und Siamesen zu den besonders Geselligen.

6.
Die Sache mit dem Freilauf

Hier scheiden sich die Geister. Kaum ein Thema wird so heiß diskutiert wie die Frage, ob Katzen nach draußen sollen oder nicht. Die Verfechter des Freilaufs für Katzen weisen darauf hin, dass die Katze ein noch sehr ursprüngliches Haustier ist, das seine Unabhängigkeit und seine Instinkte bewahrt hat. So ein Tier darf man nicht einsperren! Sie sagen deshalb, dass Freilauf unabdingbar sei, um eine artgerechte Haltung zu gewährleisten.

Die andere Fraktion ist der Meinung, dass es gerade in Städten in der heutigen Zeit verantwortungslos ist, seine Katze draußen frei herumlaufen zu lassen, wo sie früher oder später dem Straßenverkehr zum Opfer fällt, wenn sie nicht vorher vergiftet wird. Aber auch in ländlichen Gegenden ist die Lebenserwartung von Freigängern niedrig, weil diverse Gefahren lauern.

»Schon richtig«, sagen die anderen, »aber dafür haben diese Katzen ein erfülltes Katzenleben gehabt.« Getreu dem Motto: lieber kurz und spannend als endlos langweilig. Außerdem wäre es nicht artgerecht, eine Katze nur in der Wohnung zu halten.

Was heißt »artgerecht« für Katzen?

Ich habe mit dem Begriff »artgerecht« so meine Schwierigkeiten in Bezug auf Hauskatzen. Grundsätzlich orientiert sich eine artgerechte Haltung an den natürlichen Lebensbedingungen der Tiere und nimmt insbesondere auf deren angeborene Verhaltensweisen Rücksicht.

Was sind denn natürliche Lebensbedingungen? Die Falbkatze aus Afrika, Urmutter unserer Hauskatzen, lebt in halbwüstenartigen Gebieten. Nun ja, das passt aber für unsere europäischen Hauskatzen nicht. In der Natur gibt es Hauskatzen gar nicht, sie haben sich in Obhut der Menschen entwickelt. Bis vor relativ kurzer Zeit hat der Mensch sich zwar nicht um gezielte Verpaarungen von Katzen gekümmert, sodass sie sich weitgehend von selbst zu dem entwickelt haben, was sie heute sind.

Das hat allerdings auch zur Folge, dass die »natürlichen Lebensbedingungen« von Katze zu Katze sehr unterschiedlich sein können.

Schauen wir uns das genauer an!

Zuerst zeige ich Dir Minka, ein kleines Kätzchen vom Bauernhof. Minka ist mit ihren Geschwistern auf einem Heuboden im Stall aufgewachsen. Ihre Mutter hat lebende Mäuse ins Nest gebracht, als die Kätzchen größer wurden, wie es ihre eigene Mutter auch gemacht hat. Minka hat gelernt, wie sie Beute fängt und tötet. Sie ist nie in einer zentralbeheizten Wohnung gewesen und liebt es, den Hof und dessen Umgebung zu erkunden, auf die Jagd zu gehen, sich den Wind um das Näschen wehen zu lassen. Sie hat gelernt, dass die großen, stinkenden Dinger, die die Menschen »Traktor« oder »Auto« nennen, gefährlich sind und dass Pferde große Katzenfreunde sind. Sie mag deren Duft und geht gerne im Stroh auf Mäusefang.

Stell Dir vor, Minka wird nun abgeholt und in eine Hochhauswohnung gebracht, wo sie nicht nach draußen kann. Es gibt dort weder Pferde noch Mäuse, und jeder Tag ist wie der andere. Draußen fahren massenhaft angsteinflößende Autos vorbei, und die ganze Zeit liegt ein Rauschen in der Luft. Dass das für Minka nicht artgerecht wäre, liegt auf der Hand.

Nun erzähle ich Dir von Sir Henry. Sir Henry wurde geboren als Sohn einer langen Ahnenreihe von Britisch Kurzhaar Katzen. Er wächst mit seinen Geschwistern bei seiner Mutter und drei Tanten auf. Sie alle leben in einer Wohnung in der Stadt und genießen das bequeme Leben. Es ist stets angenehm warm, und der kleine Kater freut sich immer ganz besonders, wenn die netten Menschen die Futterdosen aufmachen. Menschen sind überhaupt super: Sie spielen mit ihm und seinen Geschwistern und er kann herrlich mit ihnen schmusen.

Stell Dir vor, Sir Henry wird nun abgeholt und zieht aufs Land. Natürlich soll eine Katze dort nicht die ganze Zeit im Haus herumhängen, sondern sich draußen ihren Lebensunterhalt verdienen. Man setzt ihn also vor die Tür. Auf einmal sind keine schützenden Wände mehr da und keine Zimmerdecke. Stattdessen unendliche Weite, fremde Geräusche und Gerüche. Der Wind zerrt an seinem Fell, Sir Henry hat Angst und ihm ist kalt. Ist das für ihn artgerecht?

Keine Frage – ich denke, dass es für die meisten Katzen ungemein bereichernd ist, nach draußen zu können. Es kommt aber von Katze zu Katze darauf an, wie weit draußen angenehm ist. Manche Katzen sind komplett überfordert mit einem uneingeschränkten Freilauf. Ich habe schon traumatisierte Katzen kennengelernt, denen ihre Katzeneltern doch nur etwas Gutes tun wollten, indem sie sie wie Sir Henry vorhin einfach draußen absetzten, und zwar nachdem diese Katzen ihr ganzes bisheriges Leben in einer Wohnung verbracht hatten.

Umgekehrt ist es fast unmöglich, einer Katze, die mehr oder weniger draußen aufgewachsen ist, Stubenarrest zu verordnen. Wenn sie plötzlich nicht mehr hinaus dürfte, wäre das für sie ein Leben im Knast.

Auch für Katzen, die den Aufenthalt im Freien erst später kennen- und lieben gelernt haben, wäre es eine Einschränkung, wenn sie plötzlich nicht mehr nach draußen dürften, die sie sicherlich nicht mit Begeisterung hinnehmen würden.

Wenn Du also weißt, dass Du einer Katze keinen Freilauf bieten kannst oder möchtest, suche tunlichst nach einer Mieze, die das auch nie kennengelernt hat. Und wenn Du unbedingt möchtest, dass Deine Katze sich draußen amüsiert, tust Du gut daran, Dir eine auszusuchen, die schon gelernt hat, wie sie im Freien auf sich aufpasst.

Keine Regel ohne Ausnahme bei Katzen: Ab und zu gibt es zum Beispiel einen alten Haudegen, der sich Zeit seines Lebens draußen mit Artgenossen herumgeprügelt hat, nun aber gerne in den Ruhestand gehen möchte und lieber am warmen Ofen döst und den Außenbereich liebend gern seinen jüngeren Artgenossen überlässt. Andererseits gibt es durchaus Katzen, die drinnen aufgewachsen sind und trotzdem einen sehr starken Drang nach draußen haben.

Beleuchten wir an dieser Stelle einmal die Vor- und Nachteile, die eine Katze als Freigänger hat, und auch, was das für uns als Katzeneltern bedeutet.

Die Vorteile

Wenn wir uns einmal vor Augen halten, dass eine freilebende Katze zwischen acht und fünfzehn Mäuse oder andere kleine Beutetiere fangen muss, um satt zu werden, wird schnell klar, dass das eine Vollzeitbeschäftigung ist. Denn nicht jede Jagd ist von Erfolg gekrönt.

Eine Jagdsequenz besteht aus dem Suchen der Beute, dem anschließenden Anschleichen/Belauern, dem Zuschlagen und schließlich dem Tötungsbiss. Bei größeren Vögeln käme noch das Rupfen der Federn dazu.

Dazu eine kleine Anmerkung: Katzen werden oft beschuldigt, den Bestand an Singvögeln zu dezimieren. Tatsächlich ist es aber gerade in stark durch Menschen besiedelten Gebieten so, dass der natürliche Lebensraum für Singvögel immer knapper wird, sie immer weniger Nistmöglichkeiten finden und ihre natürliche Insektennahrung durch Gifte belastet ist, die Gartenbesitzer einsetzen. Körnerfresser finden im Herbst und Winter kaum Nahrung, weil Frucht- und Samenstände von Pflanzen aus optischen Gründen entfernt werden. Nur wenige Katzen sind in der Lage, einen gesunden Vogel zu erbeuten. Das Hauptproblem für unsere Singvögel ist wie so oft der Mensch und seine Lebensweise und nicht die Katze.

Für unsere verwöhnten Stubentiger sieht der Alltag ganz anders aus – das Suchen und Schlagen der Beute fällt komplett flach, und sie haben allenfalls das Belauern, sprich: das Warten darauf, dass der Mensch nach Hause kommt, in die Küche geht und Futter macht. Damit nimmt der Nahrungserwerb für Wohnungskatzen lächerlich wenig Zeit in Anspruch, und ihre natürlichen Verhaltensweisen in Bezug auf die Jagd können sie kaum ausleben. Wir müssen uns also einiges einfallen lassen, um unserer Wohnungskatze Jagderlebnisse zu bieten, die ab und zu auch erfolgreich sind, das heißt wir müssen viel mit ihnen spielen, einfach so zwischendurch oder unmittelbar vor der nächsten Mahlzeit.

Selbst wenn eine Katze draußen nicht gerade Beute macht, hat sie vielfältige Sinneseindrücke: eine weitere Sicht als nur bis zur nächsten Zimmerwand, den Blick bis in den Himmel statt nur bis zur Zimmerdecke, das Spiel der Wolken, Sonne, Regen, Schnee, Wind, Geräusche, Gerüche und Begegnungen mit anderen Lebewesen.

Und noch ein ganz wichtiger Punkt: Normalerweise verbringt eine Katze draußen die meiste Zeit allein. Ob, wie viel und wann sie Kontakte zu Artgenossen hat, kann sie meist selbst entscheiden und so genau das Quantum an innerartlicher Kommunikation pflegen, das ihr genehm ist. Sie kann Freundschaften unterhalten, nicht nur zu anderen Katzen, sondern zum Beispiel zu Hunden, Pferden oder auch zu Menschen.

Kater können prima Raufereien anzetteln (was auch ein großer Nachteil sein kann).

Es werden fleißig Duftmarken ausgetauscht und Kratzmarkierungen an Bäumen o. Ä. angebracht.

Das heißt, hier draußen kann eine Katze ihr gesamtes Verhaltensrepertoire ausleben.

Was die Sozialkontakte einer Wohnungskatze angeht, so sind diese im Vergleich dazu entweder deutlich eingeschränkt oder in einem zu hohen Maße vorhanden: Eine gesellige Katze in Einzelhaltung hat keine Chance, Artgenossen zu treffen, und eine einzelgängerisch veranlagte Katze, die mit einer oder gar mehreren anderen Katzen eine Wohnung teilen muss, hat keine Möglichkeit, ein Revier für sich alleine zu besetzen.

Wie ich Dir in Kapitel V, Die Katze zur Katze, gezeigt habe, ist die Frage, ob eine Katze sich alleine besser oder schlechter fühlt, gar nicht leicht zu beantworten. Eine weitere Katze in der Wohnung kann eine Bereicherung sein und gegen Langeweile helfen, sie kann aber auch einen ernstzunehmenden Stressfaktor darstellen.

Während Katzen draußen ihren Artgenossen in der Regel ganz gut aus dem Weg gehen können, ist das in der Wohnung oft schwierig bis unmöglich.

Die Vorteile liegen also auf der Hand.

Auch für uns Katzeneltern ist es vorteilhaft, wenn unsere Lieben draußen jeden Tag Spaß und Abwechslung haben, weil sie dann drinnen ausgeglichen sind und meist kein Problem damit haben, wenn wir einmal keine Zeit oder Lust haben, sie ausgiebig zu bespaßen.

Wir haben einfach ein gutes Gefühl, wenn wir wissen, dass die Kleinen nichts vermissen und ganz Katze sein können.

Die Nachteile

Leider ist das Leben als »Draußenkatze« aber nicht nur eitel Sonnenschein, und damit komme ich zu den Nachteilen des uneingeschränkten Freilaufs.

Sicherlich muss ich Dir nicht sagen, dass draußen viele Gefahren lauern, besonders für ein kleines Tier wie eine Katze. Katzen, die sich völlig frei draußen bewegen können, haben eine deutlich geringere Lebenserwartung. Das heißt natürlich nicht, dass sie alle jung sterben, aber logischerweise hat eine Katze, die wohlbehütet drinnen lebt, grundsätzlich gute Chancen, viel älter zu werden als eine Katze, die sich unbeaufsichtigt draußen herumtreibt.

Unfallquelle Nummer eins ist der Straßenverkehr. Auch wenn einige von ihnen offenbar genau wissen, dass Autos gefährlich sind, werden jeden Tag viele, viele Katzen überfahren. Als Fußgänger wissen wir selbst, dass Autos manchmal sehr schnell angeschossen kommen oder urplötzlich um die Ecke sausen können. Mensch wie Katze kann das nicht immer perfekt einschätzen, und eine Begegnung mit einem Auto läuft selten glimpflich ab. Leider wird auch in 30er-Zonen gerne schneller gefahren, und ein rechtzeitiges Bremsen, wenn plötzlich ein Tier auf die Straße läuft, ist oft nicht mehr möglich. Wohnst Du in der Nähe einer vielbefahrenen Straße, erhöht sich das Risiko logischerweise noch.

Aber auch auf dem Lande lebt eine Katze gefährlich. Nicht nur landwirtschaftliche Maschinen wie Mähdrescher können tödlich sein, auch Hunde und andere wehrhafte Tiere wie Marder und Dachse – oder Menschen, die nicht gut auf Katzen zu sprechen sind – können Katzen gefährlich werden.

Ich behaupte allerdings, dass – abgesehen vom Straßenverkehr – eine der größten Gefahrenquellen für Katzen andere Katzen sind, insbesondere für solche Katzen, die neu in ein bereits besetztes Katzenrevier kommen. Katzen scheinen nämlich genau zu wissen, wer länger Revierinhaber ist und damit automatisch am längeren Hebel sitzt.

Aus der Praxis

Kater Leo war schon immer Freigänger. Er wuchs in einer netten, ruhigen Wohnsiedlung auf, in der es auch andere Katzen gab, mit denen er aber nie Auseinandersetzungen hatte.

Als Leo sechs Jahre alt war, zog er mit seiner Katzenmama Steffi in ein Dorf etwas außerhalb von Hamburg. Nach einigen Wochen Eingewöhnungszeit durfte er auch wieder nach draußen. Die ersten Tage ging alles gut, bis Leo von einem Nachbarskater in den Allerwertesten gebissen wurde. Die Bisswunde entzündete sich und musste aufwendig tierärztlich behandelt werden. Katzenbisse sind wegen des infektiösen Speichels sehr ernst zu nehmen und können wie in Leos Fall problematisch verlaufen, wenn sich das unter der Haut liegende Gewebe entzündet.

Auch psychisch ging diese Erfahrung nicht spurlos an Leo vorüber, und Steffi holte sich meine Hilfe. Mit verschiedenen Maßnahmen gelang es uns, sein Selbstvertrauen nach und nach wieder aufzubauen.

Leo war bald wieder draußen unterwegs, und leider wurde er in den folgenden Wochen zweimal erneut gebissen. Beide Male die gleiche notwendige Behandlung und ungünstige Auswirkungen auf Leos Psyche.

Trotzdem ist es für Leo anscheinend undenkbar, einfach im Haus zu bleiben. Eine Absprache mit dem Nachbarn, um die Kater nur noch zu unterschiedlichen Zeiten herauszulassen, scheiterte leider, sodass Leos Katzenmama nun ernsthaft darüber nachdenkt, ihm ein neues Zuhause zu suchen, wo er gefahrloser nach draußen kann.

Wir können leider nur sehr bedingt beeinflussen, was einer Katze im Freien widerfährt.

Studien an verschiedenen großen Katzenarten haben ergeben, dass mit der Dauer der Revierinhaberschaft das Selbstbewusstsein des Revierinhabers wächst. Das heißt, je länger eine Katze ihr Revier schon besetzt, desto schwerer hat es eine fremde Katze, in diesem Revier zu leben oder es zu übernehmen.

Groß- oder Wildkatzenarten leben oft in direkter Konkurrenz zum Menschen. In Afrika beispielsweise beklagen Rinder- oder Ziegenhirten immer wieder Verluste durch Raubkatzen. Um zu verhindern, dass diese Tiere geschossen werden, bemühen sich Artenschützer, sie einzufangen und woanders hinzubringen, wo es keine Haustierherden gibt. Oder es werden nachgezüchtete Exemplare ausgewildert. Vor der Freilassung werden diese Katzen in der Regel besendert, das heißt sie bekommen ein Sendehalsband um, sodass man ihren Werdegang verfolgen kann.

Dabei kam die erschreckende Erkenntnis zutage, dass dort, wo ein Artgenosse bereits ein Revier besetzt, der Neuankömmling extrem schlechte Karten hat. Und zwar umso schlechter, je länger der Revierinhaber bereits Revierinhaber ist, denn mit der Dauer einer erfolgreichen Revierverteidigung wächst die Macht der Katze.

Wir wissen noch nicht genau, wie es funktioniert, aber Katzen können anhand der Urinmarkierungen und vermutlich auch Lautäußerungen einschätzen, wie mächtig ein Revierinhaber ist. Vielleicht ändert sich die chemische Zusammensetzung von Katzenurin mit wachsendem Selbstvertrauen, vielleicht brüllt ein selbstbewusster Löwe lauter als ein unsicherer – bestimmt wird die Forschung Antworten finden.

Feldforschungen an verschiedenen Katzenarten haben ergeben: Eine Katze, die in das Revier einer sehr mächtigen »Resident Cat« kommt, also einer Katze, die schon lange dort residiert, wird deshalb alles daransetzen, möglichst nicht aufzufallen und dieses Revier so schnell wie möglich zu verlassen. An eine erfolgreiche Jagd ist in dieser Situation überhaupt nicht zu denken. Katzenreviere können sehr groß sein und sich sogar überlappen, sodass die neu hinzugekommene Katze im Worst Case verhungert, wenn es ihr nicht gelingt, ein unbesetztes Revier zu finden. Tatsächlich passiert so etwas immer wieder, wenn einzelne Tiere umgesiedelt werden.

Sicherlich nicht ganz so dramatisch, aber ebenfalls nicht ohne ist es für eine Hauskatze, die neu in ein Gebiet kommt, in dem bereits andere Katzen residieren, vor allem dann, wenn es einen oder gar mehrere selbstbewusste Revierinhaber gibt, die nicht zögern werden, dem Neuankömmling ihre Macht zu demonstrieren oder ihn gar zu verletzen, wie in Leos Fall.

Gerade in ländlichen Bereichen gibt es aber noch ein weiteres Problem: Die Einstellung zu Katzen ist hier häufig eine ganz andere als in der Stadt.

Katzen zu kastrieren, ist auf dem Lande oft nicht üblich, sodass einige fruchtbare Kater draußen unterwegs sind. Diese Kater sind meist echte Kämpfernaturen, und viele tragen Verletzungen und Narben im Gesicht, haben eingerissene Ohren oder ein löchriges Fell.

Es gibt verschiedene Infektionskrankheiten, die über den Kot, bei Kämpfen oder auch bei Paarungen übertragen werden können, und meist sind Katzen auf dem Lande nicht geimpft. Auch Parasiten wie Flöhe oder Milben sind hier oft sehr verbreitet.

Schlimm ist für uns Katzeneltern aber auch einfach die Angst, dass unseren Lieben draußen etwas passieren könnte.

Viele Freigängerkatzen verschwinden einfach. Manche tauchen nach einiger Zeit wieder auf, weil sie zum Beispiel versehentlich in einer Garage eingesperrt wurden oder in einen fremden Keller gelaufen sind, als die Tür offen stand.

Finden sie sich nicht wieder an, bleibt die Ungewissheit, ob sie noch am Leben sind und wie es ihnen geht. Ich möchte natürlich nicht den Teufel an die Wand malen, aber das ist ein wichtiger Aspekt des ungesicherten Freilaufs, über den man sich im Klaren sein muss.

Viele vertreten die Ansicht, dass ein kurzes, aufregendes Leben besser ist als ein langes, langweiliges. Ehrlich gesagt vermute ich, dass die meisten Katzen das sofort unterschreiben würden, und natürlich ist es total egoistisch, seine Katze nicht nach draußen zu lassen, weil man die Sorge hat, ihr könnte etwas passieren. Aber diese Sorge ist nur allzu gut nachzuvollziehen! Schließlich möchte man doch seinen Schützling vor Gefahren bewahren.

Meiner Meinung nach ist der gesicherte Freilauf ein super Kompromiss, mit dem Katzen und Katzeneltern gut leben können.

Gesicherter Freilauf heißt ein eingezäuntes Areal wie ein Katzengehege, ein mit einem Katzennetz versehener Balkon, eine katzensicher gemachte (Dach-)Terrasse oder auch ein ganzer Garten, der katzenmäßig ein- und ausbruchsicher ist.

Einbruchsicher? Du wirst lachen – es kommt gar nicht so selten vor, dass eine Katze von außen den Katzenzaun überwindet und dann nicht wieder heraus kann. Die daraus entstehenden Begegnungen enden häufig in schlimmen Prügeleien.

Viele Katzeneltern haben übrigens sehr gute Erfahrungen mit kleinen Elektrozäunchen für Katzen gemacht. Obwohl sie locker darüberspringen könnten, respektieren offenbar die meisten Katzen diese Grenze und versuchen nicht mehr, sie zu überwinden, nachdem sie einmal sozusagen eins auf die Nase bekommen haben. Es gibt aber auch professionell errichtete Katzenzäune, die um die zwei Meter hoch sind und oben Rollen oder ähnliches haben, die ein Überwinden unmöglich machen – zumindest von drinnen …

Gesicherter Freilauf kann auch der tägliche Spaziergang an der Leine sein. Für Katzen empfehlen sich Geschirre mit einem Bruststeg, die gut sitzen und nicht verrutschen, damit die Katze sich nicht aus ihnen herauswinden kann. Wichtig ist, dass Du Deine Katze zu Hause langsam an das Tragen von Geschirr und Leine gewöhnst, damit sie draußen nicht in Panik gerät. Wie gesagt, solltest Du Deine Katze auch niemals zwingen, nach draußen zu gehen, sondern schauen, wie das Interesse überhaupt ist.

Falls Du in einer Situation lebst, wo das alles nicht machbar ist, braucht Deine Katze aber wenigstens ein mit einem Netz oder Fliegendraht gesichertes Fenster, das Du weit öffnen kannst, sodass sie dort einen Freisitz hat und die vielfältigen Sinneseindrücke von draußen genießen kann.

Zusammenfassung

In Sachen Freilauf ist es unbedingt empfehlenswert, einer Katze das zu bieten, was sie kennt.

Ist eine Katze also mehr oder weniger frei aufgewachsen wie etwa ein Kätzchen vom Bauernhof, könnte es problematisch sein, sie später ausschließlich in der Wohnung zu halten.

Der umgekehrte Fall, also ein Kätzchen, das in der Wohnung aufgewachsen ist und nie draußen war, an Freilauf zu gewöhnen, ist potenziell günstiger, allerdings gibt es Katzen, denen die plötzliche Weite Angst macht.

Je älter die Katze, desto schwieriger kann es werden, sie umzugewöhnen, wobei viele Katzen, die bisher nur drinnen waren, sich das »Draußen« nach und nach erobern und so eine echte Steigerung ihrer Lebensqualität erfahren.

Draußen lauern aber auch viele Gefahren, deshalb kann ein Kompromiss wie eine gesicherte Terrasse, ein gesicherter Balkon oder auch begleitete Ausflüge an der Leine eine sehr gute Lösung sein.

Davon, einem eingefleischten Freigänger den Ausgang komplett zu streichen, rate ich dringend ab.

7.
Zwischenstand

Du hast Dir nun viele Gedanken gemacht und viele Fragen für Dich geklärt. Bringen wir das alles unter einen Hut!

Ich habe für Dich einige Tabellen zusammengestellt, die Dir helfen, Deine Antworten in Bezug auf die Charaktereigenschaften Deiner Traumkatze auszuwerten. Denn Charakter und Temperament sind die Dinge, auf die es bei der Auswahl am meisten ankommt.

Du findest in den Tabellen die Charaktergruppen A (wie anspruchsvoll) bis E (wie entspannt).

Lade Dir die Tabellen im Bonusbereich von *Traumkatze gesucht* herunter, dann kannst Du sie Dir bequem ausdrucken.

Wenn Du aus einem bunten Wurf Hauskätzchen Deine Wahl treffen möchtest, besuche sie möglichst öfters, setze Dich zu ihnen und beobachte sie. Wer ist immer der Erste (vermutlich Charaktergruppe A oder B), wer hat immer die Ruhe weg (vermutlich Charaktergruppe D), wer erscheint mal lebhaft, mal entspannt (vermutlich Charaktergruppe C)?

Wo in den Tabellen jeweils »ich« steht, kannst Du natürlich genauso »wir« einsetzen, falls Du mit jemandem zusammenlebst.

Wenn Deine Antworten anders ausfallen als die der anderen Haushaltsmitglieder, passen wahrscheinlich unterschiedliche Katzentypen zu Euch. In dem Fall sollten die Antworten von demjenigen, der zum größten Teil für die Katze verantwortlich sein wird, am meisten Gewicht haben.

Von den Katzen spreche ich nachfolgend in der Einzahl, die Aussagen gelten aber genauso für mehrere Katzen.

Ich habe Deine möglichen Antworten links in der Tabelle aufgelistet.

Ein ✓ bedeutet, dass der jeweilige Charaktertyp passt.

Ist das Feld frei, passt er nicht optimal, wäre aber denkbar.

Ein ⊘ zeigt dir, welche Katzen Du lieber ganz schnell vergessen solltest, denn dieser Charaktertyp passt überhaupt nicht zu Dir.

Tabelle 1: Wohnsituation; Zimmer, die die Katze nutzen kann

	A	B	C	D	E
Haus oder große Wohnung (mindestens 4 Zimmer)	✓	✓	✓	✓	✓
Mittelgroße Wohnung (3 bis 4 Zimmer)	✓	✓	✓	✓	✓
Kleine Wohnung (1 bis 2 Zimmer)				✓	✓
Die Katze kann einen Garten oder eine Terrasse nutzen.	✓	✓	✓	✓	✓
Die Katze kann einen Balkon nutzen.	✓	✓	✓	✓	✓
Die Katze wird ausschließlich drinnen leben.			⊘	✓	✓

Wie so oft im Leben, kommt es auch bei einer Katzenwohnung nicht unbedingt auf die Größe an. Wichtiger ist Struktur. Katzen lieben Verstecke, verwinkelte Räume und die dritte Dimension. Das heißt, eine kleine Wohnung mit Einrichtungsgegenständen, die als Raumteiler fungieren, mit vielen Klettermöglichkeiten und hochgelegenen Aussichts- und Ruheplätzen kann aus Katzensicht mehr bieten als ein großes Loft im minimalistischen Einrichtungsstil, wo man sofort jeden Winkel einsehen kann.

Tabelle 2: Art des Haushalts

	A	B	C	D	E
Ein- oder 2-Personen-Haushalt mit kaum oder wenig Besuch		✓	✓	✓	✓
Singlehaushalt oder 2-Personen-Haushalt mit regelmäßigem Besuch	✓	✓	✓	✓	✓
Haushalt mit Kind, ab und zu Besuch	✓	✓	✓	✓	✓
Lebhafter Haushalt mit Kindern und viel Besuch	✓	✓			⊘

Die Frage, welche Katze in einen ruhigen Haushalt passt und welche in einen lebhaften, ist von Katze zu Katze zu beurteilen. Die Angaben in dieser Tabelle sind nur Richtwerte, denn es ist nicht ausgeschlossen, dass eine aufgeschlossene Perserkatze (Gruppe E) super in einem lebhaften Haushalt klarkommt. Und umgekehrt nimmst Du Dir als Single vielleicht jeden Tag mit Freude ein bis zwei Stunden Zeit, um mit Deiner lebhaften Katze der Gruppe A zu spielen oder gehst regelmäßig an der Leine mit ihr nach draußen. Das Temperament der Katze sollte mit der Lebhaftigkeit des Haushalts korrespondieren.

Tabelle 3: Deine Gewohnheiten und Deine Einstellung zu Katzen

	A	B	C	D	E
Ich bin ein eher unruhiger Mensch und bewege mich gern.	✓	✓	✓		
Ich arbeite Vollzeit und gehe auch gerne aus oder mache viel Sport.	⊘	⊘		✓	✓
Ich bin viel zu Hause und habe viel Zeit für meine Katze.	✓	✓	✓	✓	
Ich langweile mich schnell und möchte viel mit meiner Katze spielen.	✓	✓	✓		⊘
Ich mag es ruhig und sitze am liebsten auf dem Sofa.	⊘	⊘	⊘		✓

Ich denke mir gerne neue Sachen aus und mag Tiere trainieren.	✓	✓			
Ich möchte eine Katze vor allem als stille Gesellschafterin.	⊘	⊘	⊘		✓
Ich möchte meine Katze immer um mich haben.	✓	✓			
Ich möchte nicht, dass meine Katze ständig um mich ist.	⊘	⊘	✓	✓	✓
Ich möchte auf jeden Fall nur eine Katze haben.	⊘	⊘			

Anmerkung:
Ab und zu gibt es Katzen der Gruppen A und B, die besser ohne Artgenossen klarkommen und als Einzelkatze glücklich sind. Das ist aber die große Ausnahme!

Wenn Du aus allen drei Tabellen die Häkchen pro Charaktertyp zusammenzählst, bekommst Du schon eine Ahnung, welche inneren Werte Deine Traumkatze haben sollte. Lass uns nun die Auflösung anschauen.

Die fünf Charaktergruppen

Natürlich ist diese Einteilung in fünf Gruppen recht grob, denn jede Katze ist ein Individuum und in Art und Wesen einmalig. Trotzdem kann man gewisse Tendenzen erkennen, besonders bei Rassekatzen. Bei allen anderen ist es ein wenig schwieriger, weil die Gene einen sehr starken Einfluss auf den Charakter haben, wir bei diesen Katzen die Herkunft aber oft nicht genau kennen. Eine Katze zeigt aber schon als Kätzchen gewisse Tendenzen, die Dir bei der Auswahl helfen.

Ich habe jeder Charaktergruppe bestimmte Katzenrassen

zugeordnet und mich hierbei auf Rassen beschränkt, die Du bei uns in Deutschland leicht findest.

Alle Rassen zu besprechen, würde den Rahmen dieses Buches sprengen, sodass ich in Kapitel VIII fünf der bei uns beliebtesten Katzenrassen und ihre nächsten Verwandten kurz vorstelle. Es gibt wirklich gute Bücher mit Rasseporträts, falls Du Dich da vertiefen möchtest (siehe Buchtipps im Anhang).

Um Informationen über Deine Traumrasse einzuholen, kannst Du außerdem das Internet nutzen. Dort geistert allerdings auch viel Unsinn herum, sodass Du nicht alles blind glauben solltest, was Du dort findest.

Es gibt für viele Katzenrassen Interessengruppen auf Facebook. Manche sind sehr nett, andere weniger – schau Dich um, falls Du Facebook nutzt. In netten Gruppen freuen sich andere Katzeneltern sehr über das Interesse und plaudern bereitwillig aus dem Nähkästchen. So kannst Du schon ein ganz gutes Bild von den typischen Eigenschaften einer bestimmten Rasse bekommen.

Aber der beste Eindruck ist immer noch der, den Du Dir selbst machst. Vielleicht findest Du einen Züchter in Deiner Nähe, den Du unverbindlich besuchen darfst, um die Katzen live zu erleben und Dir ein eigenes Bild zu machen. Oder vielleicht kennst Du jemanden, der jemanden kennt, wo Du kastrierte Rassevertreter in ihrem Zuhause besuchen darfst. Hier bekommst Du unter Umständen sogar noch einen besseren Eindruck.

Gruppe A

Die typische Katze dieser Gruppe hat ein aufgewecktes, sehr lebhaftes Temperament und besitzt eine ausgeprägte Persönlichkeit. Sie ist hochbeinig und grazil und macht gerne Gebrauch von ihrer Stimme.

Da sie zu den klügsten Katzen gehören, brauchen Katzen dieser Gruppe sehr viel Ansprache und Beschäftigung und fordern ihre Besitzer. Sie lieben den direkten Körperkontakt, und viele klettern liebend gerne auf ihren Menschen herum.

Ich sage es noch einmal in aller Deutlichkeit, damit Du weißt, was auf Dich zukommt: Katzen der Gruppe A sind die anspruchsvollsten Hauskatzen. Sie sind die Diven unter den Katzen, kapriziös und egozentrisch, aber auch sehr liebevoll.

Wenn Du Dir vorstellst, dass Deine Katze praktisch nebenbei läuft: Vergiss es – das wird mit einer Katze aus dieser Gruppe absolut nicht funktionieren! Du bist gefordert, Dir immer wieder neue Spiele und Herausforderungen für Deine Katze auszudenken, damit keine Langeweile aufkommt. Denn wenn das passiert, hast Du ganz schnell ein gewaltiges Problem, nämlich eine Katze, die nervt, ihrer Zerstörungswut freien Lauf lässt und einfach unglücklich, weil unausgelastet ist.

In dieser Gruppe finden sich Katzenrassen, die keinesfalls als Einzelkatze gehalten werden sollten, zumindest dann nicht, wenn sie typische Rassevertreter sind.

Du kommst als Katzenmama oder Katzenpapa für eine Katze dieser Gruppe in Betracht, wenn Du viel Zeit und vor allem auch Lust hast, Dich jeden Tag mit Deiner Katze – oder besser: mit Deinen Katzen – zu beschäftigen. Katzen der Gruppe A sind nämlich sehr gesellig und schätzen Katzengesellschaft.

Du lebst in einem lebhaften Haushalt, in dem immer etwas los ist. Purismus ist nichts für Dich, sondern Deine Wohnung ist voller versteckter Winkel, Schränke, Regale und Gegenstände, an denen Du aber nicht so sehr hängst, dass es eine Katastrophe für Dich wäre, wenn hier und da etwas zu Bruch ginge.

Es macht Dir nichts aus, wenn Deine Katzen überall hinauf- und hineingehen und alles mit kräftiger Stimme kommentierten.

Es gibt für Dich nichts Schöneres, als Dich mit Deiner Katze zu beschäftigen, ob Du Dir nun neue Spiele und Tricks für sie ausdenkst, ausgiebig mit ihr schmust oder Dich mit ihr über die Neuigkeiten des Tages austauschst.

Ein Haustier, das die meiste Zeit irgendwo herumliegt und schläft, findest Du furchtbar langweilig. Du suchst eine enge Bindung zu Deiner Katze und einen Kumpel, mit dem Du viele lustige und spannende Dinge erleben kannst. Am liebsten hättest Du mindestens zwei Katzen.

Rassen: Balinese, Bengal, Canadian Sphynx, Devon Rex, Don Sphynx, Javanese, Ocicat, Orientalisch Kurzhaar, Peterbald, Siam.

Anmerkung: Siamesen, Orientalisch Kurzhaar und deren Halblanghaarvarianten Balinese und Javanese verfügen über eine kräftige und laute Stimme, die sie ausgesprochen gerne einsetzen (die Kurzhaarigen noch mehr als die Langhaarigen). Überlege Dir im Vorfeld genau, ob Deine Nerven (und, falls Du in einer hellhörigen Wohnung lebst, Deine Nachbarn) das aushalten. Mein Tipp: Höre Dir auf YouTube einige Siamesen an, damit Du weißt, worauf Du Dich einlässt. Vielleicht findest Du das im Moment lustig – aber wie findest Du es, wenn Dich diese Stimme Tag für Tag begleitet?

Gruppe B

Katzen dieser Gruppe haben ebenfalls ein lebhaftes Temperament. Ihr Körperbau ist schlank und drahtig, was sie zu sehr athletischen Katzen macht. Sie haben ein großes Bewegungsbedürfnis und brauchen Gelegenheit zum Klettern.

Sie sind neugierig und dem Menschen zugetan. Kuscheleinheiten zwischendurch sind super, aber sie sind alles in allem doch lebhaft.

Mit anderen Katzen sind sie meist sehr verträglich, neigen aber zuweilen dazu, Artgenossen zu unterdrücken.

Sie stellen vielleicht nicht ganz so viele Ansprüche an ihre Katzeneltern wie Katzen der Gruppe A – dennoch ist hier Deine Fantasie gefragt, viel Zeit und der Wille, Dich mit Deiner Katze zu beschäftigen. Tägliche Spielstunden sind ein Muss, genauso wie immer wieder neue »geistige« Herausforderungen zum Beispiel durch das Erarbeiten von Futter.

Eine Katze – oder gerne auch zwei – dieser Gruppe passt zu Dir, wenn Du Dir gerne täglich Zeit für Deine Katze nimmst und kein Problem damit hast, große Teile Deiner Wohnung als Katzenspielplatz zu gestalten. Wenn Katzen über Deinem Kopf herumtoben, stört Dich das nicht, sondern macht Dir Freude. Du magst lebhaftes Treiben um Dich herum und hast viel Spaß daran, mit Deiner Katze zu spielen.

Den ganzen Tag auf dem Sofa abzuhängen, ist überhaupt nicht Dein Ding.

Rassen: Abessinier, Ägyptische Mau, Bombay, Burma, German und Cornish Rex, Korat, La Perm, Somali, Thai, Tonkanese, Toyger, Türkisch Angora.

Gruppe C

In dieser Gruppe findest Du die »unverfälschten« Europäisch Kurzhaarkatzen mit oder ohne Stammbaum und die natürlich gebliebenen Rassen beziehungsweise solche mit einem katzentypischen Temperament, das auf einer Skala von »sehr lebhaft« bis »sehr ruhig« genau in der Mitte liegt.

Du findest Deine Traumkatze in dieser Gruppe, wenn Du eine Katze suchst, die instinktsicher ist und ein ausgeglichenes Temperament besitzt – immer vorausgesetzt, die Haltungsbedingungen stimmen.

Denn auch eine Katze der Gruppe C will beschäftigt werden. Diese Katzen spielen gerne, haben aber auch ausgedehnte Ruhephasen. Ein ausgewogenes Maß an Ansprache und In-Ruhe-Lassen ist das beste Rezept für eine glückliche Katze der Gruppe C.

Katzen dieser Gruppe sollten nach draußen können, entweder mit Freilauf oder zumindest mit einem gesicherten Auslauf auf einer Terrasse oder einem großzügigen Balkon. Sollte das nicht möglich sein, ist es wichtig zu überlegen, wie Du ihr in der Wohnung das eine oder andere Abenteuer am Tag ermöglichen kannst. Zu dem Thema gibt es tolle Bücher, einige davon findest Du bei meinen Buchtipps im Anhang.

Wenn Du für eine Katze der Gruppe C die richtige Katzenmama oder der richtige Katzenpapa bist, hast Du selbst ein recht ausgeglichenes Temperament. Du bist nicht der rastlose Typ, aber Dein Haushalt ist auch kein Museum.

Du hast Freude daran, Dich täglich mit Deiner Katze abzugeben, findest es aber auch okay, wenn sie ihrer eigenen Wege geht.

Du liebst das Naturbelassene, Ursprüngliche und magst keine Extreme, zumindest nicht, was Haustiere angeht.

Vielleicht hast Du Kinder, die bereits in einem verständigen Alter sind und akzeptieren, dass Katzen einen eigenen Kopf haben und nicht immer das tun, was jemand sich gerade von ihnen wünscht.

Du verstehst die Katze nicht als Kuscheltier und auch nicht als Dekorationsgegenstand. Du schätzt Eigenständigkeit und Unabhängigkeit. Trotzdem bist Du gerne bereit, Dir ein bisschen etwas einfallen zu lassen, um Deine Katze zu beschäftigen – vor allem dann, wenn sie nicht ganz nach draußen kann.

Neben den unten aufgeführten Katzenrassen gehört auch die Wald- und Wiesenkatze, also die »normale« Hauskatze ohne Stammbaum, in diese Kategorie, sofern sie ein gemäßigtes, durchschnittliches Temperament hat. Es gibt bei diesen Katzen sowohl vom Aussehen als auch von den Charaktereigenschaften her allerdings durchaus große Unterschiede.

Rassen: (Heilige) Birma, Burmilla, Chartreux, Deutsch Langhaar, Europäisch Kurzhaar, Maine Coon, Nebelung, Norwegische Waldkatze, Russisch Blau, Sibirische Katze und Neva Masquarade, Singapura, Tiffanie, Türkisch Van.

Gruppe D

Die Katzen der Gruppe D haben ein ausgeglichenes bis ruhiges Temperament.

Wenn Du zu einer Katze der Gruppe D tendierst, solltest Du auch bereit sein, Dich regelmäßig mit Deiner Katze abzugeben, mit ihr zu spielen, ihr Ansprache zu geben und Dir Dinge auszudenken, die Deine Katze auch geistig beschäftigen (Futtersuche, Versteckspiele und Ähnliches).

Es kann gut sein, dass Deine »D-Katze« lieber ein Stückchen abseits ihre Siesta hält statt auf Deinem Schoß. Sie mag auch kuscheln, wenn ihr gerade danach ist. Wenn Du aber jemand bist, der seine Katze gerne auf dem Arm mit sich herumträgt und sie stundenlang beschmusen mag, werdet Ihr höchstwahrscheinlich früher oder später einen Interessenkonflikt bekommen. Ein freundliches, respektvolles Miteinander wird eine Katze aus dieser Gruppe glücklich machen.

Achtung: In jungen Jahren sind diese Katzen nicht auffallend ruhig, sondern von normalem, lebhaftem Temperament und durchaus in der Lage, Unsinn zu treiben und ihre Katzeneltern auf Trab zu halten. Vor allem die jungen Kater können durchaus draufgängerisch sein und mit fortschreitender körperlicher Entwicklung eine gewisse Wucht entwickeln, wenn sie ihren wilden Jagdspielen nachgehen. Erst mit drei, vier Jahren werden sie zu den distinguierten, würdevollen Gentlemen, die man bei diesen Katzen vor Augen hat. Sie spielen dann immer noch gerne, aber in Maßen.

Katzen dieser Gruppe haben einen eher stämmigen Körperbau mit kräftigen Beinen.

Wenn diese Katzen zu Dir passen, geht es bei Dir nicht hektisch zu. Du liebst gemütliche Sofa-Abende mit oder ohne Katze, wünschst Dir aber schon eine Katze, die auch Lust auf gemeinsame Spieleinheiten hat.

Wenn Du tagsüber außer Haus warst, freust Du Dich auf Deine Katze und beschäftigst Dich gerne mit ihr. Du möchtest keine Katze, die übertrieben viel Pflege und Ansprache braucht; Dir schwebt etwas Knuffiges mit Charakter vor.

Es ist kein Problem für Dich, dass die Katze Deiner Wahl ein wenig lebhafter und anstrengender ist, solange sie noch klein beziehungsweise jung ist. Falls doch, wäre eine ausgewachsene Katze der Gruppe D eine weise Entscheidung.

Rassen: Britisch Kurzhaar, Britisch Langhaar (Highlander), RagaMuffin, Ragdoll, Scottish Fold, Selkirk Rex.

Gruppe E

Jetzt kommen wir zum anderen Ende der Skala. Katzen der Gruppe E sind von wirklich ruhigem Temperament und stets unaufdringlich und dezent.

Es gibt allerdings zuweilen sehr selbstbewusste Individuen, die mit großem Eifer rausgehen und (andere) Kater verdreschen. Das ist aber die Ausnahme. Im Normalfall sind sie zu allem und jedem freundlich und genießen ausgiebige menschliche Verwöhnprogramme.

Die meisten Katzen der Gruppe E machen höchst selten Gebrauch von ihrer zarten Stimme und haben einen zauberhaften Charakter. Sie sind oft ein wenig töffelig (Anm.: norddeutsch für ungeschickt) und unglaublich vertrauensselig.

Trotzdem gibt es auch unter ihnen sehr gute Insekten- und Mäusejäger.

Sie schnurren ausgiebig – manche schnarchen auch zuweilen wegen ihrer verkürzten Mundpartie.

Katzen dieser Gruppe wirken sehr stämmig (wobei sie unter ihrem vielen Fell oft erstaunlich schlank sind) und sind keine ausgemachten Sportskanonen – in der Ruhe liegt die Kraft!

Und das ist auch Dein Motto: Du lässt es ruhig angehen. Jegliche Hektik zu Hause ist für Dich ein Graus. Du bist eher ein leiser Mensch und lebst in einem ruhigen Haushalt.

Du hast keine große Lust, Dir täglich neue Herausforderungen für Deine Katze auszudenken oder feste Spielstunden einzuplanen.

Und das musst Du auch nicht! Wenn Du Dich für eine Katze der Charaktergruppe E entscheidest, darfst Du natürlich auch mit ihr spielen oder sie anderweitig beschäftigen. Auch eine Katze dieser Gruppe ist immer noch eine Katze, und es tut ihr gut, ihre Instinkte auszuleben. Aber Du musst kein schlechtes Gewissen haben und bekommst höchstwahrscheinlich auch keine Probleme mit ihr, wenn Du einmal keine Lust auf Action hast.

Rassen: Perser, Exotic Shorthair. Außerdem alte Katzen der Gruppen C und D.

Anmerkung: Wenn Du von einer Perserkatze träumst, bedenke bitte, dass die Fellpflege wirklich aufwendig ist. Perser und Exotic Shorthair brauchen außerdem tägliche Augenpflege, um Verkrustungen und braunen Flecken unter den Augen vorzubeugen.

Zusammenfassung

Vereinfacht auf den Punkt gebracht: Je schlanker eine Katze, desto lebhafter ist sie.

Zudem hat offenbar auch die Felllänge Einfluss auf das Temperament. So ist eine Britisch Langhaar (Highlander) im Normalfall ein wenig ruhiger als die Britisch Kurzhaar. Ein Balinese wird in Temperament und Stimmgebrauch gemäßigter sein als ein Siamese, gleiches gilt für Orientalisch Kurzhaar/Javanese.

Eine Katze, die vom Körperbau her in der Mitte liegt, also wie die typische Katze aussieht, hat höchstwahrscheinlich auch ein gemäßigtes Temperament. Bei Hauskatzen ohne Stammbaum gibt es allerdings sehr große Unterschiede im Temperament und auch, was die Geselligkeit angeht.

8.
Beliebte Katzenrassen

In diesem Buch über die Auswahl einer passenden Katze möchte ich Dir jetzt die fünf beliebtesten Katzenrassen vorstellen.

Ich starte die jeweilige Vorstellung mit den Charaktereigenschaften, weil die meiner Meinung nach wichtiger sind als das Aussehen.

Vielleicht ist eine Katze dabei, die vom Charakter her perfekt zu Dir passt, Dir aber optisch nicht gefällt. In dem Fall würde ich schauen, ob Du Dich nicht an das Aussehen gewöhnen kannst. Fahre den einen oder anderen Züchter besuchen und lerne die Tiere persönlich kennen. Meine Erfahrung ist, dass das Aussehen ganz schnell nebensächlich wird. Das gilt übrigens auch dann, wenn Du eine bestimmte Farbe oder Fellzeichnung im Auge hast. Auch daran gewöhnst Du Dich sehr schnell, und bald ist es gar nichts Besonderes mehr, eine solche Schönheit zu Hause zu haben. Über einen lieben, lustigen, gemütlichen oder lebhaften Charakter aber freust Du Dich immer – oder auch nicht, wenn er nicht passt.

Wenn Du also denkst: »Hm, die sieht soooo schön aus! Gut, vom Charakter her passt sie nicht perfekt, aber das wird schon …«, dann muss ich Dir sagen, dass dieser Ansatz nicht erfolgversprechend ist, weil wir uns meist sehr schwertun, unsere Gewohnheiten oder Einstellungen zu ändern. Dass aus Euch das Traumpaar wird, wenn sie von ihren Bedürfnissen her eigentlich gar nicht zu Dir passt, ist höchst unwahrscheinlich. Vielleicht tut es auch ein schönes Bild von ihr an der Wand, das Du anschauen kannst, während Du mit Deiner optisch vielleicht nicht perfekten, aber innig geliebten Katze kuschelst und die Zuneigung auf Gegenseitigkeit beruht.

Ich habe bei den Rassevorstellungen jeweils am Schluss typische Erbkrankheiten genannt und nach Häufigkeit geordnet. Steht die Krankheit als Erste, kommt sie also häufiger vor als die, die danach aufgeführt ist und so weiter.

Informationen zu den einzelnen Erbkrankheiten findest Du im Bonusteil.

www.felis-felix.de/traumkatze-gesucht-bonusbereich
Passwort: Traumkatze2018

Bitte schaue Dir diesen Abschnitt an, wenn Du gerne eine Rassekatze haben möchtest. Ich finde nämlich, dass dies ein ganz wichtiger Punkt ist. Denn nur wenn Du über die erblichen Krankheitsrisiken Deiner Traumkatzenrasse Bescheid weißt, kannst Du später bei der konkreten Suche nach Deiner Traumkatze die Spreu vom Weizen trennen und beurteilen, ob ein Züchter diesbezüglich gute Arbeit leistet oder nicht. Wer dieses wichtige Thema totschweigt und womöglich mit Tieren züchtet, die eine Krankheit nachweislich in den Genen haben, handelt verantwortungslos, und das unterstütze ich natürlich nicht!

Wenn Du mehr über Deine Traumrasse wissen oder weitere Rassen kennenlernen möchtest, findest Du im Anhang außerdem Literaturtipps.

Außerdem erinnere ich Dich an die Möglichkeit, Facebook-Gruppen beizutreten, die sich mit bestimmten Katzenrassen beschäftigen.

Das Beste ist, wenn Du Dir bei einem Züchter – oder sogar mehreren – einen persönlichen Eindruck verschaffst und die Katzen in natura kennenlernst.

Auf Katzenausstellungen erlebst Du die Katzen in einer Ausnahmesituation, in der sie nicht viel von ihrem typischen Wesen zeigen. Deshalb kannst Du Dir hier meist nur einen äußeren Eindruck verschaffen.

Ein Wort noch zur Europäisch Kurzhaar: Im Tierschutz wird diese Rassebezeichnung häufig für Katzen verwendet, die ich Wald- und Wiesenkatzen nenne. Ich finde das sehr verwirrend, denn die Europäisch Kurzhaar ist auch eine Katzenrasse, die ganz normal mit Papieren gezüchtet wird. Tatsächlich ist eine reinrassige Europäisch Kurzhaar aber sehr selten, denn es gibt nur wenige Züchter dieser Rasse.

Korrekt wäre also die Bezeichnung »rasselose Hauskatze« für die meisten angeblichen Europäisch Kurzhaar Katzen. »Rasselos« klingt für mich aber irgendwie abwertend, und eine Rassekatze ist ja schließlich nicht etwas Besseres als eine rasselose Katze, denn alle Katzen sind wundervoll. Deshalb nenne ich sie lieber Wald- und Wiesenkatzen.

Hier die Rasseporträts:

Perser und Exotic Shorthair

Die Vorfahren der heutigen Perserkatze hießen früher Angorakatzen und waren der Inbegriff einer Rassekatze überhaupt. Heute ist die Türkisch Angora eine ganz andere Rasse und hat mutmaßlich auch genetisch nichts mit der Perserkatze zu tun.

Die Exotic Shorthair ist das kurzhaarige Pendant zur Perserkatze und entstand aus Kreuzungen zwischen Perser und Amerikanisch beziehungsweise Britisch Kurzhaar. In Aussehen und Wesen entspricht sie heute bis auf das kürzere Fell exakt der Perserkatze. Ihr Fell ist ebenfalls besonders dicht und plüschig und kann zum Verfilzen neigen.

Charaktereigenschaften

Perser und Exotics sind die ruhigsten Katzen von allen, was sich normalerweise bereits im sehr jungen Alter zeigt. Während die Britisch Kurzhaar in ihrer Kindheit und Jugend vom Temperament her meist wenig von ganz normalen Hauskatzen zu unterscheiden ist, fallen die Perserkatze und die Exotic Shorthair schon früh dadurch auf, dass sie mit weniger Spiel und Action zufrieden sind und genauso gerne kuscheln und schmusen.

Manche Perser und Exotics sind ein wenig distanzierter und mögen nicht die ganze Zeit Körperkontakt.

Einige gehen auch sehr gerne nach draußen und sind erfolgreiche Mäusejäger, normalerweise fühlen sie sich aber auch ohne Freilauf wohl und brauchen nicht ständig neue Abenteuer. Tägliches Spiel sollte trotzdem nicht fehlen, damit auch eine Perserkatze nicht vergisst, dass sie eine Katze ist, und gesunde Bewegung bekommt.

Die meisten sind sehr geduldig und lassen sich sehr gut an Körperpflegeprozeduren gewöhnen, wenn Du es geschickt und geduldig – und möglichst frühzeitig – anstellst und dafür sorgst, dass alles in einem angenehmen Kontext passiert.

Aussehen

Die Perser und Exotics haben in den letzten Jahrzehnten ihr Aussehen drastisch verändert. Die im nordamerikanischen Raum beliebten »Peke Faces«, also Katzen mit einem flachen Gesicht und großen Augen, ähnlich einem Pekinesen-Hund (oder Pekingesen), beeinflussten die Zucht bei uns stark, sodass auch bei uns zunehmend Katzen mit winzigen Näschen, riesigen, tränenden Augen und einem stark verkürzten, aufgebogenen Kiefer in Mode kamen, der sogenannte amerikanische Typ. Die tränenden Augen kommen durch einen stark verengten oder gar verschlossenen Tränen-Nasen-Kanal zustande, durch den die Tränenflüssigkeit normalerweise abfließen würde. Wenn man die Augenpflege vernachlässigt, bilden sich sehr schnell unschöne braune Spuren im Gesicht.

Mittlerweile gibt es eine Gegenbewegung, die bemüht ist, die Perserkatze wieder so zu züchten, wie sie bis in die 1970er-Jahre aussah. Zum Glück, wie ich finde, denn ich vermute, dass »Perserkatzen mit Nase«, wie man die Perser vom sogenannten europäischen Typ auch nennt, doch eine bessere Lebensqualität haben als die extremen Plattgesichter, die übrigens, hat man sich erst einmal an das grimmige Aussehen gewöhnt, meiner Meinung nach extrem zauberhafte Katzen sind.

Ich muss zugeben, dass ich selbst grundsätzlich eine Schwäche für solche Wesen habe, die nicht ganz normal sind. Wobei – was ist bei Katzen schon normal? ;) Die »Peke Faces« gefallen mir aber optisch nicht, und ich finde, dass man sie wegen der körperlichen Auswirkungen auch gar nicht züchten sollte.

Wir unterscheiden also zwischen amerikanischem und europäischem Typ, wobei der europäische Typ für die klassische Perserkatze steht, wie sie bis in die 1970er-Jahre aussah.

Perserkatzen bestehen gefühlt zu neunzig Prozent aus Fell. Manche sehen aus wie kleine Pelzmuffs mit Kopf, Beinen und Schwanz.

Sie gehören zu den mittelgroßen bis großen Katzen, wirken aber durch das Fell imposanter, als sie sind – tatsächlich sind viele Perser unter ihrer Haarpracht vergleichsweise zart gebaut. Sie wirken insgesamt stämmig und eher kurzbeinig und haben einen vergleichsweise kurzen, buschigen Schwanz.

Der Kopf ist groß, breit und rund, jedenfalls von vorn betrachtet, die Ohren sind klein, abgerundet und weit auseinanderstehend. Die Augen sollen möglichst groß, rund und offen sein.

Kaum eine Katzenrasse ist so bunt wie die Perser und Exotics. Sowohl bei den Langhaarigen als auch bei den Kurzhaarigen gibt es so ziemlich alles an Farben, was die Genetik hergibt: Es gibt Einfarbige, Gescheckte, es gibt sogenannte Colour Points, die früher Himalaya hießen und wie Siamkatzen gezeichnet sind, es gibt Katzen in Smoke, Cameo, Shell und Shaded mit Farbverlauf von hell zu dunkel in jedem einzelnen Haar, es gibt Tabbys (getigert oder gestromt), Schildpattkatzen und Dreifarbige.

Eine Besonderheit sind die Chinchilla-Perser: Auf den ersten Blick sehen sie weiß aus, allerdings hat jedes einzelne Deckhaar eine dunkle Spitze, das sogenannte Tipping, wodurch optisch ein ganz leichter Farbhauch entsteht. Chinchilla-Perser haben grüne Augen und ein rosa Näschen. Augen und Nase sind schwarz umrandet und die Lippen sind ebenfalls schwarz.

Erbkrankheiten

Polyzystische Nierenerkrankung (PKD), Hypertrophe Kardiomyopathie (HCM), Hüftdysplasie (HD)

Siam und Orientalisch Kurzhaar (OKH)

Jetzt kommen wir gewissermaßen zum anderen Ende der Skala. Ich stelle die Siamesen und die Orientalen zusammen vor, weil sie im Wesen und vom Körperbau her praktisch identisch sind; lediglich in der Fell- und Augenfarbe unterscheiden sie sich.

Siamkatzen waren in der Mitte des 20. Jahrhunderts sehr beliebt. Weil man damals auch Rassekatzen noch häufig unkastriert ins Freie ließ, finden wir heute noch bei vielen Wald- und Wiesenkatzen mehr oder weniger deutliche Hinweis auf das Siamesen-Erbe.

Charaktereigenschaften

Die Siamkatze ist berühmt-berüchtigt für ihre Stimmgewalt. Siamesen und Orientalen kommentieren gerne alles mit ihrer tiefen, durchdringenden Stimme und schätzen das intensive Gespräch mit ihren Katzeneltern. Passt ihnen etwas nicht, können sie auch lauter werden – gegebenenfalls auch sehr laut!

Sie gehören zu den intelligentesten Katzenrassen und sind immer auf der Suche nach Ansprache, Unterhaltung und Action. Sie möchten am liebsten immer dabei sein, mit ihren Menschen spielen oder kuscheln. Wenn es Katzen gibt, die sich gerne auf der Schulter ihres Menschen sitzend herumtragen lassen, sind das meistens Siamesen oder Orientalen.

Weil sie so gewitzt sind und auch geistige Herausforderungen brauchen, ist es sehr wichtig, dass Du Dir als Katzenmama oder Katzenpapa von Siamesen und Orientalen immer wieder neue Beschäftigungsmöglichkeiten einfallen lässt. Ob Du ihnen Kunststücke beibringst, Spielsachen und Leckerlis an den unmöglichsten Orten versteckst oder ihnen sogenannte Intelligenzspielzeuge kaufst oder bastelst – diese Katzen werden in der Regel mit Begeisterung dabei sein und freuen sich über immer neue Herausforderungen.

Fehlt all dies, können Siamesen und Orientalen sehr schnell zu Nervensägen mutieren oder gar anfangen, Deine Einrichtung zu zerstören.

Intensive Beschäftigung ist deshalb ein unbedingtes Muss bei diesen Katzen.

Siamesen und Orientalen gehören zu denjenigen Katzen, die auf keinen Fall ohne Katzengesellschaft gehalten werden sollten. Es gibt zwar hin und wieder ein Exemplar, das tatsächlich lieber Einzelkatze ist und den menschlichen Partner nicht teilen mag, aber das ist die große Ausnahme. Ich würde fast so weit gehen zu sagen, dass die sogenannten orientalischen Rassen, also Katzen mit einem schlanken Körperbau und großen Ohren, nicht nur zu zweit, sondern durchaus zu dritt oder zu viert gehalten werden sollten, um ihr Bedürfnis nach kätzischer Gesellschaft voll ausleben zu können. Da kuschelt man sich dann auch gerne mal zu mehreren in einem Knäuel in ein großes Katzen- oder Hundekörbchen.

Das entbindet uns Menschen aber keinesfalls von unserem Job als Katzen-Unterhalter, denn diese Katzen sind ausgesprochene Menschenfreunde und können ein sehr enges Verhältnis zu ihren Katzeneltern entwickeln. Der Wechsel in eine neue Familie ist für diese Katzen deshalb auch immer ganz besonders schlimm, weshalb es von großem Vorteil ist, wenn Deine Lebensplanung einigermaßen absehbar ist und Du die nächsten zwanzig Jahre voll und ganz für Deine Katzen da sein kannst. Das gilt natürlich nicht nur für Siamesen und Orientalen, aber ganz besonders für sie.

Aussehen

Ähnlich wie bei den Persern hat bei den Siamesen und Orientalen in den letzten Jahrzehnten eine starke Veränderung des Typs stattgefunden. Während sich Siamkatzen früher optisch in erster Linie durch die spezielle Zeichnung von anderen Katzen unterschieden, nämlich dunkle Points auf einer hellen Grundfarbe, haben sie heute einen völlig anderen Körperbau als die durchschnittliche Hauskatze: ausgesprochen schlank, mit langen, zierlichen Beinen und Pfoten und einem langen, dünnen Schwanz.

Das Fell ist sehr kurz und fein und liegt eng an.

Der Kopf ist das Markenzeichen einer modernen Siamkatze und eines modernen Orientalen. Man spricht hier von einem »Marderkopf«: Die Schnauzenpartie ist deutlich länger als bei anderen Katzen. Die Ohren sind vergleichsweise riesig. Laut Standard soll sich durch gedachte Linien vom Kinn zu einer Ohrspitze, von dort zur anderen Ohrspitze und wieder zurück zum Kinn ein gleichschenkliges Dreieck ergeben.

So ein Aussehen polarisiert. Während die einen total begeistert sind von dem neuen Typ, wünschen sich andere den alten Typ der Siamkatze zurück, und einige Züchter bemühten sich, weg vom Extrem und die Köpfe wieder runder zu züchten und einen gemäßigten Körperbau zu erreichen. Diese Bemühungen waren erfolgreich, sodass eine neue Rasse entstand: die Thaikatze, die im Aussehen tatsächlich den Siamkatzen von vor fünfzig Jahren entspricht. Auch im Wesen ist die Thai etwas gemäßigter als die moderne Siam.

Siamesen sind immer Point-Katzen, das heißt ihr Körper hat eine helle Grundfarbe, während das Gesicht, die Ohren, die Pfoten und die Unterschenkel sowie der Schwanz eine dunklere Farbe tragen. Die klassische Farbe ist hierbei Seal, ein sehr dunkles Braun. Mittlerweile gibt es viele andere Point-Farben in verschiedenen Abstufungen von Braun sowie Rot und Creme. Die Points können entweder einfarbig oder Tabby sein, also gestreift, sowie Tortie, was einem Schildpatt entspricht.

Alle Siamesen werden weiß geboren und entwickeln die Points erst nach circa einer Woche. Der Körper dunkelt im Laufe des Lebens nach. Wie schnell sich die Points entwickeln und der Rest des Körpers nachdunkelt, soll temperaturabhängig sein.

Die Augen einer Siamesin sind immer blau.

Die Orientalisch Kurzhaar oder OKH kommt in allen Farben außer Point daher und hat grüne Augen. Viele Farben der OKH tragen fantasievolle Namen. Die bekannteste Farbe ist Havanna, ein warmes Braun. Neben Solids, also einfarbigen Katzen, gibt es Tabbys (getigert, gestromt oder getupft), Torties (schildpatt), Bicolors (weiß gescheckt) und Katzen in Smoke (helles Unterfell, farbige Haarspitzen).

Zwischen beiden Rassen steht die Foreign White, eine reinweiße Katze mit blauen Augen.

Erbkrankheiten

Progressive Retinaatrophie (PRA) und Gangliosidose (GM1 und GM2). Es gibt außerdem Erbfehler wie Knickschwanz und Schielen; diese sind aber nur optischer Natur. Ebenfalls häufiger als bei anderen Katzen tritt bei Siamesen das sogenannte Pica-Syndrom auf, also das Fressen von ungeeigneten Dingen oder Gegenständen wie beispielsweise Wolle.

Anmerkung

Es gibt von der Siam und der OKH halblanghaarige Varietäten, nämlich die Balinesen (mit Points) und die Javanesen (ohne Points). Ich persönlich finde diese Katzen unglaublich elegant und wunderschön. Sie sind im Wesen etwas gemäßigter als ihre kurzhaarigen Verwandten, aber immer noch äußerst aufgeweckte, agile Katzen und große Menschenfreunde.

Bengal

Ich gebe es ganz offen zu: Ich tue mich sehr schwer mit Bengalen – mit sogenannten Wildkatzen-Hybriden allgemein. Es gibt so viele tolle Katzenrassen, und ich frage mich, ob wir wirklich immer noch mehr brauchen. Und vor allem frage ich mich, ob es eine gute Idee ist, Wildkatzenarten einzukreuzen, nur um eine besondere Fellzeichnung zu erreichen. Genau so ist die Bengal nämlich entstanden.

Das Experiment Bengal wurde bereits in den 1960er-Jahren gestartet, damals noch unter dem Namen Leopardette. Dazu wurden verschiedene Hauskatzenrassen mit der Asiatischen Leopardkatze (englisch Asian Leopard Cat, ALC) gekreuzt. Das Projekt wurde aber eingestellt und erst 1975 wiederaufgenommen. In den 1980er-Jahren wurde die neue Rasse anerkannt. Das Zuchtziel sind Katzen, die vom Wesen her einer normalen Hauskatze entsprechen und dabei gezeichnet sind wie eine Wildkatze.

Diese Katzen können wirklich unglaublich attraktiv aussehen, und mit Glück bekommst Du tatsächlich eine richtige Hauskatze.

Wenn aber die »wilden« Gene stärker durchschlagen, kann es zu großen Schwierigkeiten mit dem überschäumenden Temperament kommen und zu Zerstörungs- und Unsauberkeitsproblematiken. Wenn wir Katzenverhaltensberater hören, dass es um Bengalen geht, leuchten innerlich immer sofort die Alarmlämpchen auf, weil Bengalen häufig noch sehr nah am Wildtier und somit als Haustier nur bedingt geeignet sind. Trotzdem möchte ich nicht abstreiten, dass es bei sorgfältiger Auswahl auch gutgehen kann und Du eine absolute Traumkatze bekommst, oder auch zwei.

Charaktereigenschaften

Die Bengal ist ausgesprochen aufgeweckt und lebhaft. Das bedeutet, dass Du Dich wirklich viel mit ihr beschäftigen musst. Sie braucht das tägliche, ausgiebige Spiel als Jagdersatz.

Noch lieber würde sie draußen echte Beute jagen, aber eine Bengal mit ungesichertem Freilauf ist durch ihre ungewöhnliche Fellzeichnung immer ein potenzielles Opfer für Catnapping; es ist also gut möglich, dass sie früher oder später entwendet wird.

Die Bengal ist ausgesprochen athletisch und braucht unbedingt zahlreiche Klettermöglichkeiten und hochgelegene Aussichts- und Ruheplätze. Überhaupt tut die Möglichkeit, sich in die Höhe zurückzuziehen, vielen Bengalen ausgesprochen gut, vor allem dann, wenn sie eher vorsichtig mit fremden Menschen sind und/oder ein wenig mehr Wildkatzenblut in ihren Adern haben.

Der Bengal wird nachgesagt, dass sie besonders gesellig ist, sich aber auch ausgesprochen eng an ihre Menschen anschließt.

Bengalen haben eine besondere Vorliebe für Wasser. Das hat sicherlich damit zu tun, dass die Asiatische Leopardkatze in Wassernähe lebt und unter anderem Fische und Krebstiere erbeutet.

Aussehen

Die Bengal ist schlank und muskulös. Ihre Beine sind hinten etwas höher als vorne.

Der Kopf ist vergleichsweise lang und keilförmig und soll runde Konturen aufweisen. Der Schwanz ist von mittlerer Länge und sollte stets eine schwarze Spitze haben.

Die Augen können je nach Fellfarbe braun, golden, grün oder auch bläulich sein. Sie sind innen schwarz umrandet und von einem Ring helleren Fells umgeben.

Das Fell ist kurz bis mittellang, glatt und seidig. Besonders begehrt ist ein goldener Schimmer, der sogenannte Glitter.

Eine Bengal trägt entweder einfarbige Tupfen (spotted), leopardenähnliche Kringel mit einer hellen Mitte (rosetted) oder ist marmoriert (marble). Die Grundfarbe ist Braun, Creme, Gold oder Silber.

Erbkrankheiten

Progressive Retinaatrophie (PRA), Pyruvatkinase-Defizienz (PKM), Hypertrophe Kardiomyopathie (HCM). Außerdem kann eine genetische Veränderung des Kniegelenks vorkommen, die zu einer schmerzhaften Patellaluxation führt, bei der die Kniescheibe (Patella) aus ihrer Führung springt.

Anmerkung

Wenn Du ernsthaft in Erwägung ziehst, Dein Leben mit einem oder mehreren Bengalen zu teilen, suche sehr sorgfältig den Züchter aus. Eine Bengal ist immer teurer als andere Rassen, und das ruft leider regelmäßig Menschen auf den Plan, die vor allem daran interessiert sind, schnelles Geld zu machen. Solche Züchter scheren sich meist nicht um Dinge wie sorgfältige Aufzucht, Genetik und umfassende Aufklärung der potenziellen Kätzchenkäufer.

Und achte vor allem darauf, dass Du kein Kätzchen bekommst, das genetisch noch recht nahe am Wildtier ist. In der Biologie gibt es die Bezeichnung »Filialgeneration«, abgekürzt F. F1 bedeutet in unserem Fall das Ergebnis einer Kreuzung von Wildkatze und Hauskatze. Für die nächste Generation kreuzt man ein F1-Tier (1/2 Wildkatzenanteil) mit einer Hauskatze und erhält F2-Tiere (1/4 Wildkatzenanteil). Kreuzt man ein F2-Tier wiederum mit einer Hauskatze, erhält man F3-Tiere (1/8 Wildkatzenanteil). Und so weiter. Bei Bengalen werden Tiere ab der vierten Filialgeneration als Hauskatze in die Zuchtbücher eingetragen. Da auch diese Tiere immer noch 1/16 Wildkatzenanteil besitzen, würde ich Dir dringend raten, einen Züchter zu suchen, der gar nicht mit den sogenannten Foundation-Katzen (F1 bis F4) arbeitet, sondern ausschließlich mit Tieren züchtet, die viele Generationen länger ausschließlich mit Hauskatzenrassen oder anderen Bengalen verpaart wurden. Je weniger Wildkatzenblut, desto besser ist eine Katze als Hauskatze geeignet und desto weniger Ärger steht Dir möglicherweise ins Haus.

Derzeit ist übrigens eine neue Rasse im Entstehen, die Savannah, bei der Servale eingekreuzt werden. Der Serval ist eine luchsähnliche Katzenart aus Afrika und wesentlich größer als unsere Hauskatzen. Diese ganze Entwicklung gefällt mir überhaupt nicht und ist meiner Meinung nach arten- und tierschutzrechtlich höchst fragwürdig.

Britisch Kurzhaar und Britisch Langhaar

Die knuffigen Briten sind seit einigen Jahrzehnten schwer in Mode bei uns. Und das wundert mich auch nicht. Gerade für ein Leben in der Großstadt sind die Briten-Bärchen, wie sie auch liebevoll genannt werden, gut geeignet.

Während sie vor einigen Jahrzehnten noch fast ausschließlich in der Farbe Blau (ein dunkles Grau) zu haben waren, gibt es sie mittlerweile in allen möglichen Farben und Fellmustern. Das haben sie der Einkreuzung von Perserkatzen zu verdanken, die aber auch dazu geführt hat, dass die Nasen kürzer und die Augen größer wurden. Meiner Meinung nach sollte eine Britisch Kurzhaar nicht aussehen wie eine Exotic Shorthair (Kurzhaar-Perser) im Retro-Look, aber das ist natürlich auch Geschmackssache.

Das frische Perserblut hat außerdem dafür gesorgt, dass vermehrt langhaarige Kätzchen zur Welt kommen. Während man diese früher noch aussortiert und günstig abgegeben (und ihre Existenz am liebsten totgeschwiegen) hat, züchtet man sie heute als Britisch Langhaar oder Highlander ganz gezielt.

Diese Katzen sind oft noch ein wenig ruhiger als die kurzhaarigen Briten und sehen aus wie Perserkatzen aus früheren Zeiten, bevor die Gesichter immer flacher und die Augen immer größer wurden. Kurz gesagt: Sie sind wunderschöne Tiere, die aber eine sorgfältige Fellpflege brauchen.

Charaktereigenschaften

Diese Katzen sind tatsächlich »very british« im besten Sinne: unaufdringlich, gelassen und freundlich, mit einem Hang zur Spleenigkeit.

Ein Brite liegt gerne auf einem kuscheligen Aussichtsplatz und lässt den Blick über sein Reich schweifen. Er freut sich über menschliche Gesellschaft, ist aber oft keine ausgesprochene Kuschelkatze. Viele Briten mögen es überhaupt nicht, wenn man sie hochhebt, und sitzen lieber neben statt auf dem Schoß.

Viele Briten haben ein Talent zum Apportieren von kleinerem Spielzeug. Auch sagt man dieser Rasse nach, zu den gelehrigen Katzen zu gehören, wobei viele Katzeneltern, mich eingeschlossen, ihre Briten eher nicht zu den Einsteins dieser Welt zählen würden.

Die Britisch Kurzhaar und die Britisch Langhaar sind in der Regel sehr tolerant gegenüber Mitkatzen und anderen Haustieren. Manche pflegen sogar sehr enge Freundschaften zu ihresgleichen oder auch zu artfremden Individuen.

Diese Katzen sind ausgeglichen und strahlen eine herrliche Ruhe und Würde aus.

Aber Vorsicht: Als Katzenkinder sind Briten genauso lebhaft wie andere Katzen auch, besonders die Kurzhaarigen. Vor allem die Jungs brauchen viel Beschäftigung und lieben wilde Jagdspiele. Mit zunehmendem Alter hat so ein Jungkater auch ganz schön viel Wumms, wenn er so richtig in Fahrt ist.

Erst mit zwei, drei Jahren kommt das typisch ruhige Wesen durch. Das sollte Dir bewusst sein, wenn Du Wert auf eine Katze legst, die eben nicht andauernd durch die Wohnung tobt und Unsinn treibt, wenn sie nicht ausgelastet ist.

Aussehen

Die Britisch Kurzhaar ist ebenso wie die Britisch Langhaar kompakt gebaut, und irgendwie ist an ihr alles rund. Der rundliche Körper mit der breiten Brust und dem starken Nacken sitzt auf stämmigen Beinen und trägt einen plüschigen Schwanz mit abgerundeter Spitze.

Ein Gewicht von acht Kilogramm und mehr ist für einen ausgewachsenen

Kater völlig normal. Allerdings neigen die Briten durchaus zu Übergewicht – kein Wunder, wenn man vergleichsweise wenig in der Gegend herumdüst, aber sehr gerne futtert.

Das Fell ist sehr dicht und steht wegen der ausgeprägten Unterwolle leicht ab. Es fühlt sich nicht zu hart und nicht zu weich an. Der Rassestandard bezeichnet das als »crisp«.

Auch der Kopf ist rundlich mit kleinen, abgerundeten Ohren, offenen, runden Augen und einer kurzen, breiten Nase. Besonders die Kater neigen zu dicken, runden Backen.

Wie schon gesagt, sind die Briten mittlerweile ein buntes Völkchen. Es gibt sie in einfarbig, gescheckt, dreifarbig, getigert, gestromt, getupft und getickt (das bedeutet, dass jedes einzelne Haar helle und dunkle Bänder trägt, wodurch ein homogener Farbeindruck entsteht) oder mit Points, also dunkleren Partien im Gesicht, an den Ohren, den Pfötchen und dem Schwanz. Außerdem gibt es silberne und goldene Briten, wobei diese natürlich nicht mit Metall überzogen sind, sondern eine warme hellbraune beziehungsweise hellgraue Grundfarbe haben. Sehr bekannt sind die Silbertabbys aus der Katzenfutterwerbung und dem entsprechenden Kalender.

Die Augenfarbe ist Kupfer oder ein dunkles Orange; golden- und silberfarbene Briten kommen mit grünen Augen daher, und solche mit Points haben blaue Augen. Ab und zu gibt es auch Briten mit einem blauen und einem kupferfarbenen Auge, sogenannte Odd Eyed, vor allem bei weißer Fellfarbe. Übrigens sind weiße Katzen mit blauen Augen meist taub. Odd-Eyed-Katzen sind häufig nur auf der Seite mit dem blauen Auge taub.

Erbkrankheiten
Polyzystische Nierenerkrankung (PKD), Hypertrophe Kardiomyopathie (HCM).

Anmerkung

Gerade weil die Britisch Kurzhaar seit längerer Zeit eine Moderasse ist, solltest Du bei der Wahl des Züchters ausgesprochenen sorgfältig und kritisch sein.

Das Ergebnis einer nicht sorgfältigen Zucht und Aufzucht können kranke und/oder schlecht sozialisierte Kätzchen sein. Das Geld, das man beim Kaufpreis spart, steckt man dann oft doppelt und dreifach in Tierarztrechnungen, und wenn es ganz schlimm kommt, werden Briten mit dubioser Herkunft nicht alt.

Davon abgesehen tut es einer Rasse überhaupt nicht gut, wenn sie wild vermehrt wird, denn das typgerechte Aussehen wird verwässert und Erbkrankheiten können sich unkontrolliert ausbreiten. Das gilt natürlich nicht nur für die Britisch Kurzhaar.

Maine Coon

Eine weitere Moderasse ist die große Amerikanische Waldkatze aus Maine, USA. Einer Legende nach ist sie eine Mischung aus Katze und Waschbär (englisch racoon), was natürlich völliger Quatsch ist. Vielleicht entstand der Name aber auch, weil der buschige Schwanz dieser Katzen Ähnlichkeit mit dem eines Waschbären hat. Auch dass sie wie Waschbären sehr geschickt mit ihren Pfoten sind, könnte eine Rolle gespielt haben, ebenso wie eine gewisse Wasseraffinität.

Wie auch immer – die Maine Coon gehört neben der Ragdoll zu den imposantesten Katzenrassen und kann ein Gewicht von zehn Kilogramm erreichen. Zum Glück ist sie ausgesprochen freundlich.

Charaktereigenschaften

Die Maine Coon ist bekannt als »Gentle Giant«, also sanfter Riese.

Viele vergleichen ihr Wesen auch mit dem eines Hundes: immer freundlich, gesellig, verspielt und unkompliziert. Tatsächlich berichten viele Katzeneltern, dass ihre »Coonies« ihnen gerne auf Schritt und Tritt folgen und eine sehr enge Beziehung zu ihren Menschen unterhalten.

Es gibt eine weitere Parallele zum Hund: Ursprünglich war die Maine Coon eine »Working Cat«, also eine Arbeitskatze, deren Job es war, Haus und Hof von Mäusen freizuhalten.

Diese Katzen sind, zumindest normalerweise, tatsächlich immer noch echte Naturburschen und Jäger.

Es wäre ideal, wenn Deine Maine Coon zu jeder Jahreszeit gefahrlos nach draußen könnte, um bei Wind und Wetter auf die Jagd zu gehen. Falls das nicht möglich ist, sollte sie zumindest einen gesicherten Balkon haben, auf dem sie sich den Wind um die Nase und durch das dichte Fell wehen lassen kann.

Das tägliche Spiel ist für diese Katzen äußerst wichtig und darf, Herzgesundheit vorausgesetzt, auch gerne sehr lebhaft sein.

Die Amerikanische Waldkatze ist bekannt für ihre gurrende Stimme, die so gar nicht zu ihrer gigantischen Erscheinung passt und die sie sehr gerne zur Kommunikation mit uns Menschen einsetzt, wobei sie sich aber auch mit Artgenossen auf diese Weise unterhält.

Aussehen

Die Maine Coon ist riesig, jedenfalls einige Kater. Kätzinnen werden oft nicht so imposant, sind aber immer noch groß für eine Hauskatze, was natürlich durch das Fell noch unterstrichen wird.

Der langgestreckte, muskulöse und schwerknochige Körper sitzt auf kräftigen, mittellangen Beinen. Der lange Schwanz ist üppig behaart und laut Standard »wehend«.

Der Kopf mit den großen Ohren wirkt kantig, mit einem kräftigen Kinn und ausgeprägten Schnurrhaarkissen. An den Ohrspitzen sollten luxartige Ohrpinsel sitzen.

Die Augen sind leicht schräggestellt, groß und weit auseinanderstehend. Die Augenfarbe ist beliebig.

Die Maine Coon zählt zu den Halblanghaarkatzen und besitzt ein dichtes, locker fallendes Fell mit Fellbüscheln zwischen den Pfotenballen. Darf die Katze nach draußen, bildet sie zum Winter hin ein sehr dichtes Fell mit einer mächtigen Halskrause aus. Angeblich ist das Fell absolut pflegeleicht, allerdings gibt es heute viele Coonies, die vor allem im Ellenbogenbereich und hinten an den »Hosen« schnell verfilzen, sodass tägliches Bürsten und Kämmen zumindest dort angebracht ist.

An Fellfarben gibt es fast alles: einfarbig, tabby (getigert oder gestromt), mit oder ohne Weiß oder auch Reinweiß. Nur Maine Coons mit Points wird man vergeblich suchen.

Erbkrankheiten

Hypertrophe Kardiomyopathie (HCM) und Hüftdysplasie (HD), seltener Polyzystische Nierenerkrankung (PKD). Polydaktylie kommt vor. Hierbei handelt es sich nicht um eine Krankheit im eigentlichen Sinne, sondern um eine erblich bedingte Vielzehigkeit, das heißt die Pfoten haben mehr Zehen als normalerweise. Die Zucht mit betroffenen Tieren ist umstritten, weil eine erhöhte Sterblichkeitsrate bei Kätzchen gegeben sein soll.

Anmerkung

Die Maine Coon gehört zu den Waldkatzen. Waldkatzen sind ursprüngliche Katzen mit einem mittleren Temperament. Neben der Amerikanischen Waldkatze gibt es die Norwegische Waldkatze, die Sibirische Katze und die Neva Masquarade, wobei letztere die Point-Variante der Sibirischen Katze ist. Die Waldkatzenrassen sind auf den ersten Blick für uns kaum zu unterscheiden und auch vom Wesen her sehr ähnlich, wobei die Norwegerin als ganz besonders gesellig gilt.

Als Moderasse hat auch die Maine Coon Menschen auf den Plan gerufen, die man nicht als seriöse Züchter bezeichnen kann. Wie bei der Britisch Kurzhaar tust Du gut daran, Dir Deinen Züchter ganz besonders sorgfältig auszusuchen.

9.
Es geht los: auf Katzensuche

Du hast nun eine sehr genaue Vorstellung davon, wer Deine Traumkatze ist, und ich beglückwünsche Dich, dass Du bis hierher so toll mitgemacht hast!

Nun machen wir den nächsten Schritt und finden heraus, wo Du Deine Katze findest und was Du dabei beachten solltest.

Manche Menschen sind überzeugt, dass wir von den Katzen gefunden werden und nicht umgekehrt. Ich weiß nicht, ob da etwas dran ist; auf jeden Fall wird es für die Katze schwierig, uns zu finden, wenn wir nicht aktiv werden. Es sei denn, sie läuft uns zu.

Auch wenn viele Menschen tatsächlich genau so von ihrer Katze ausgesucht wurden und damit sehr glücklich sind, ist das nicht der optimale Weg. Viel besser ist es, die Dinge selbst in die Hand zu nehmen.

Werde also aktiv!

Grundsätzlich gibt es folgende Möglichkeiten, um zur Katze zu kommen: die Zeitung, das Internet, ein Tipp oder eine Katzenschau.

Zeitungsinserate sind ja im Grunde gar nicht mehr zeitgemäß. Trotzdem findest Du zum Beispiel in Katzenzeitschriften viele Anzeigen, meist von Züchtern. Große Tageszeitungen haben in ihren Wochenendausgaben häufig einen sogenannten Tiermarkt, wo eher weniger Züchter inserieren, sondern meist Katzeneltern, die sich von einer Katze trennen möchten oder müssen. Auch Tierschutzorganisationen inserieren in Zeitungen. In Regionalblättern sind ebenfalls regelmäßig Tiere inseriert, die ein neues Zuhause suchen.

Ungleich mehr Anzeigen findest Du auf Onlineportalen wie eBay Kleinanzeigen, Deine-Tierwelt.de, Quoka.de, Snautz.de und vielen mehr. Tierschutzorganisationen und regionale Tierheime stellen eine Auswahl zu vermittelnder Katzen auf ihren Webseiten vor. Zahlreiche Katzenzuchtvereine haben auf ihren Webseiten eine Rubrik »Züchter«, in der die Vereinsmitglieder verlinkt sind und wo häufig auch angezeigt wird, wer gerade Kitten hat oder demnächst erwartet.

Mit anderen Menschen über Deinen Katzenwunsch zu sprechen, kann sich ebenfalls lohnen. Vielleicht kennt jemand, den Du kennst, jemanden, der jemanden kennt … Über so einen Tipp findest Du mit Glück vielleicht auch Deine Traumkatze.

Während die Katzenschau vor allem für Leute interessant ist, die eine Rassekatze suchen, findest Du im Internet, in der Zeitung oder über einen Tipp von Kollegen, Nachbarn oder Freunden alle möglichen Katzen: Kitten (bitte nicht zu jung!!), Jungkatzen, ausgewachsene Katzen, ältere Katzen oder Katzensenioren, Wald- und Wiesenkatzen, Mischlingskatzen oder auch Rassekatzen.

Moment, was ist denn der Unterschied zwischen einer Wald- und Wiesenkatze und einer Mischlingskatze?

Als Wald- und Wiesenkatze bezeichne ich eine Katze, die einer langen Linie von »Zufallsprodukten« entstammt – die also nicht gezielt gezüchtet wurde, sondern zufällig entstanden ist und bei der kein Mensch mehr weiß, ob mal eine Rassekatze mitgemischt hat oder nicht. Schätzungsweise über neunzig Prozent aller Hauskatzen dürften Wald- und Wiesenkatzen sein.

Eine Mischlingskatze hat einen oder auch zwei Elternteile, die einer bestimmten Katzenrasse angehören. Mischlingskatzen findet man in der Regel bei Privatpersonen, deren Rassekatze stiften gegangen ist und sich »versehentlich«

mit einem oder mehreren fremden Katern eingelassen hat. Manchmal werden Mischlingskatzen aber auch gezielt gezüchtet, zum Beispiel wenn eine neue Katzenrasse entsteht.

Eine Rassekatze findest Du in erster Linie bei einem Züchter, unter Umständen aber auch über den Tierschutz.

Jede Art von Katze findest Du außerdem aus privater Hand, also weder vom Züchter noch vom Tierschutz, sondern von anderen Katzeneltern.

Schauen wir uns nun an, worauf Du bei den einzelnen Möglichkeiten achten solltest.

Die Katze aus dem Tierschutz

Die Auswahl an Katzen aus dem Tierschutz ist fast unbegrenzt. Die Wahrscheinlichkeit ist also recht hoch, dass Du hier die passende Katze findest.

Ich spreche nachfolgend von Tierheimen, aber natürlich gilt das Gesagte genauso für private Pflegestellen: Viele Tierschutzorganisationen betreiben kein eigenes Tierheim, sondern arbeiten mit diesen Pflegestellen, also Privathaushalten, die eine gewisse Anzahl an Tieren zeitweise bei sich aufnehmen, bis ein dauerhaftes Zuhause gefunden ist. Wie in Kapitel II bereits gesagt, könnte es unter Umständen auch für Dich eine interessante Alternative sein, Dir keine eigene Katze anzuschaffen, sondern Deinen Haushalt als Pflegestelle zur Verfügung zu stellen, wenn Du derzeit nicht genau weißt, in welche Richtung sich Dein Leben entwickeln wird und ob dann noch eine Katze in Dein Leben passt, Du aber jetzt gerne Dein Leben mit einer oder mehreren Katzen teilen möchtest.

Die Katze im Sack?

Die Schwierigkeit bei der Auswahl einer Katze aus dem Tierschutz liegt darin, dass über Tierschutzkatzen oft nicht alles oder auch überhaupt nichts bekannt ist, was ihre Vorgeschichte angeht. Viele kommen als sogenanntes Fundtier in ein Tierheim, andere werden von ihren Katzeneltern abgegeben, wobei nicht alle Tierheime einen so umfangreichen Fragenkatalog zu Herkunft und Charakter der Katze haben, wie ich ihn mir wünschen würde. Viele Fragen, die Du zu Deiner zukünftigen Katze hast, können deshalb nicht beantwortet werden.

Dazu kommt, dass sich eine Katze im Tierheim oft ganz anders verhält als unter »normalen« Umständen. Das ist ja auch mehr als verständlich – immerhin muss sie dort mit vielen Artgenossen leben, die sie größtenteils überhaupt nicht kennt und die ständig wechseln; sie ist eingesperrt und es kommen immer wieder fremde Menschen vorbei.

Wenn sie also sehr scheu oder teilnahmslos wirkt oder auch total aufgedreht, sagt das im Grunde nicht unbedingt etwas über ihr wahres Wesen aus.

Du bist deshalb bei der Auswahl einer Katze aus dem Tierheim auf kompetente Tierheimmitarbeiter angewiesen, die sich gut in Katzen hineinfühlen können und in der Lage sind, sozusagen hinter den Vorhang zu schauen.

So gesehen kannst Du bei einer Katze aus dem Tierheim immer auch Überraschungen erleben.

Die passende Katze für alle Lebenslagen

Andererseits ist es ein erhebendes Gefühl, wenn Du einer oder zwei dieser armen Seelen wieder ein katzenwürdiges Leben bescheren kannst. Und oft sind solche Katzen regelrecht dankbar und erblühen in einem neuen, verständnisvollen Zuhause zu wahren Schätzen.

Wenn Du eine ruhige Katze suchst und beispielsweise über eine gesicherte Terrasse verfügst, verliebst Du Dich vielleicht in den alten Haudegen mit den zerrissenen Ohren, der von Leuten abgegeben wurde, bei denen er Zuflucht gesucht hatte und die ihn leider nicht behalten konnten. Er ist vielleicht einfach zu alt, um sich noch weiter mit den anderen Katern draußen zu schlagen, hat überhaupt keine Lust mehr auf Katzengesellschaft und möchte seinen Lebensabend an einem ruhigen, warmen Plätzchen mit Kuschelmöglichkeit und Vollpension verbringen. Wenn er Einzelkater bei Dir bleiben darf – wunderbar!

Apropos: Dass eine Katze sich lieb und schmusig Dir gegenüber zeigt, heißt noch lange nicht, dass sie auch zu anderen Katzen freundlich ist! Katzen und Menschen sind völlig unterschiedliche Sozialpartner – auch in den Augen einer Katze.

Umgekehrt gibt es Katzen, die sehr ängstlich Menschen gegenüber sind, die aber mit Katzen sehr gesellig sind und sich in einer kleinen Katzengruppe sehr viel sicherer fühlen. So eine Katze wäre natürlich gar nicht glücklich als Einzelkatze.

Manchmal ergeben sich im Tierheim oder auf Pflegestellen auch richtig tolle Katzenfreundschaften. Solche Buddys solltest Du auf keinen Fall trennen.

Wenn Katzen zu zweit abgegeben werden, kann das anders sein. Vielleicht sind sie gar nicht die besten Freunde, sondern haben sich im alten Zuhause gerade mal gegenseitig toleriert. In einem neuen Zuhause kann es dann durchaus passieren, dass die beiden die Gelegenheit ergreifen, den anderen ein für alle Mal aus dem tollen neuen Revier zu vertreiben, und Du hast den Salat, sprich: Katzenkrieg.

Sollen es zwei Katzen aus dem Tierheim sein, frage also nach und beobachte genau. Liegen die beiden eng zusammen, obwohl genug Platz da wäre, um sich aus dem Weg zu gehen? Lecken sie sich vielleicht sogar gegenseitig über das Köpfchen? Dann stehen die Chancen sehr gut, dass sie sich wirklich mögen!

Vielleicht hast Du ja auch eine lebhafte Familie mit Kindern, in die zwei jüngere, verspielte Katzen passen würden. Idealerweise haben diese Katzen keine schlechten Erfahrungen gemacht und zeigen sich zutraulich und aufgeschlossen Dir und Deinen Kindern gegenüber. Frage das Tierheimpersonal aber auch, ob die Kandidaten stressfest sind, also keine Angst vor lauten Geräuschen haben und auch gelassen bleiben, wenn es am Wochenende besuchermäßig hoch hergeht im Tierheim. Sollte das so sein, stehen die Chancen gut, dass Du da wirklich passende neue Familienmitglieder gefunden hast.

Eine Zweitkatze aus dem Tierheim

Wenn Du zu Hause schon eine Katze hast, bei der Du nicht genau weißt, wie sie im Umgang mit anderen Katzen ist, solltest Du Dir ganz genau überlegen, ob Du das Experiment zweite Katze tatsächlich wagen möchtest.

Auf jeden Fall muss die Katze Deiner Wahl andere Katzen mögen. Sie ist idealerweise mit anderen (erwachsenen) Katzen aufgewachsen und besitzt kein dominantes Wesen. Sie sollte nicht gerade im Halbstarkenalter sein, das heißt sie sollte entweder jünger als acht Monate oder älter als drei Jahre sein.

Eine erwachsene Katze, die ein Fundtier ist und über die Du nichts Genaues weißt, ist in diesem Fall nicht die richtige Wahl, auch wenn sie Dir gegenüber noch so verschmust ist – es sei denn, sie verhält sich den anderen Katzen gegenüber ausgesprochen aufgeschlossen und freundlich.

Es gibt auch Tierheime, die anbieten, dass Du Deine Katze mitbringst und man dort eine Zusammenführung versucht. Grundsätzlich ein toller Gedanke – vor allem die Vorstellung, dass Deine Katze sich ihren neuen Kumpel dann quasi selbst aussuchen kann.

Bedenke aber dies: Die Situation im Tierheim ist eine ganz andere ist als bei Dir zu Hause. Neutrales Terrain ist immer günstig für ein gegenseitiges Kennenlernen. Wenn sich die beiden im Tierheim ganz gut verstehen, ist das aber leider noch keine Garantie dafür, dass Deine Katze die andere Katze bei Euch zu Hause, also in ihrem eigenen Revier, immer noch gut findet. Es bleibt also immer ein gewisses Restrisiko, das Du in Deine Überlegungen einbeziehen solltest.

Eine durchdachte Zusammenführung in Deiner Wohnung oder Deinem Haus ist auf jeden Fall immer sinnvoll. Erwachsene Katzen sollten niemals einfach so aufeinander losgelassen werden. So etwas kann mit ganz viel Glück beziehungsweise mit wirklich toleranten Katzen funktionieren, meistens geht es aber in die Hose, wenn Deine Katze beschließt, dass sie es mit einem Eindringling zu tun hat, der in ihrem Revier nichts zu suchen hat – genau das ist nämlich die ganz normale Einstellung, die Katzen fremden Katzen gegenüber haben. Die richtigen Strategien zur Katzenzusammenführung findest Du im Bonusbereich.

Ein Kätzchen aus dem Tierheim

Ein ganz wichtiges Thema: das Abgabealter. Leider werden im Tierheim Katzenkinder immer noch viel zu früh abgegeben. Es ist einerseits verständlich, dass der Platz benötigt wird, und sicherlich spielt auch die Überlegung eine Rolle, dass die Kleinen bei ihren neuen Katzeneltern einfach besser und liebevoller versorgt werden, als das im Tierheim möglich ist.

Auf der anderen Seite werden in den ersten Wochen alle wichtigen Weichen für das gesamte restliche Katzenleben gestellt. Und gerade in einer Umgebung, in der es viele andere

Katzen gibt, könnte man im Grunde ideale Aufzuchtbedingungen schaffen, wenn die Kleinen in die Obhut erwachsener Katzen kommen, die sozial kompetent sind und ihnen zeigen, wie man sich als Katze benimmt.

Ein wesentlicher Aspekt ist nämlich die Sozialisierung. Nicht nur die Gene, auch und vor allem die Aufzucht ist maßgeblich für den späteren Charakter der Katze. Nicht nur die Quantität der menschlichen Kontakte während der ersten Wochen und Monate formt das Wesen der Katze, sondern auch und vor allem die Qualität. So haben wissenschaftliche Untersuchungen ergeben, dass eine Summe von einer Stunde Knuddeln am Tag optimal für die psychische und die neuronale Entwicklung von Katzenkindern ist. Gute Erfahrungen schaffen außerdem Vertrauen, schlechte oder fehlende Erfahrungen schaffen Misstrauen. Wir brauchen also ganz viele ehrenamtliche Katzen-Knuddler in den Tierheimen!

Wenn Du ein Katzenkind haben möchtest oder Du Dich im Tierheim in so ein süßes Fellknäuel verliebst, wäre es ideal, wenn das Kleine wenigstens zwölf Wochen alt ist. Außerdem wäre es gut, wenn Du gleich zwei nimmst oder aber zu Hause bereits eine oder auch mehrere Katzen hast, die gut auf andere Katzen zu sprechen sind und die weitere Erziehung des kleinen Neuzugangs übernehmen können.

Diese Fragen solltest Du stellen
Versuche also, so viel wie möglich über Deine Favoriten in Erfahrung zu bringen. Diese Fragen sind wichtig:

Woher kommt die Katze?
Für die meisten Katzen ist es nicht so leicht, sich räumlich zu verkleinern. Kommt sie aus einem Haus oder einer sehr großen Wohnung, wäre es ungünstig, wenn Du nur eine kleine Einzimmerwohnung hast. Selten gibt es eine Katze, die mit der umgekehrten Konstellation Schwierigkeiten hat, die also räum-

lich sehr begrenzt gelebt hat und bei der es zu Unsicherheiten führt, wenn sie auf einmal viele Räume oder sogar mehrere Etagen zur Verfügung hat. In diesem Fall ist es aber einfacher, sie umzugewöhnen. Es hilft auf jeden Fall, ihren Bewegungsspielraum in der ersten Zeit auf ein oder zwei Zimmer zu limitieren, sodass sie sich nach und nach den Rest erobern kann.

Es wäre auch der Fall denkbar, dass eine Katze aus einer extrem ruhigen Umgebung kommt, beispielsweise aus einem einsamen Häuschen auf dem Lande oder auch aus einem sehr ruhigen Seniorenhaushalt. Solche Katzen sind häufig sehr verunsichert, wenn sie plötzlich in der lauten Stadt leben, deren grelle Lichter und viele Geräusche sie nicht einordnen können, oder wenn sie in einen lebhaften, lauten Haushalt kommen.

Ideal ist es, wenn sie in einer ähnlichen Umgebung gelebt hat, wie auch Du sie ihr bieten kannst – es sei denn, die unpassende Umgebung war der Abgabegrund.

Wie wurde sie dort gehalten?
Ein sehr wichtiges Kriterium ist hier das Thema Freilauf: Eine Katze, die Freigang gewohnt war, wirst Du kaum ausschließlich in der Wohnung halten können. Die Wahrscheinlichkeit ist sehr hoch, dass sie Dir buchstäblich die Wände hochgehen wird.

War sie bisher eine »Indoor«-Katze und Du hast vor, ihr Freilauf zu ermöglichen, ist das grundsätzlich die günstigere Variante. Im Idealfall freut sie sich über diese Erweiterung ihres Horizonts und bewegt sich nie weit weg vom Haus. Du darfst allerdings nicht von ihr verlangen, dass sie unter allen Umständen nach draußen geht. Vielleicht macht ihr das Draußen Angst und sie bleibt lieber drinnen. Erinnere Dich an die Geschichte von Sir Henry in Kapitel VI.

Die schönsten Erfolgsgeschichten aus dem Tierschutz sind für mich immer solche, in denen eine Katze aus einer für sie unpassenden Haltung kommt und bei ihren neuen Katzeneltern endlich das Leben führen darf, das zu ihr passt. Das kann eine Katze sein, die mit den Kindern ihrer alten Familie nicht zurechtkam und jetzt in Deinem kinderlosen Haushalt aufblüht. Das kann aber auch eine Katze sein, die sich in ihrem alten Zuhause schrecklich gelangweilt hat und jetzt bei Dir endlich die Aufmerksamkeit bekommt, die sie braucht, oder Dein Haushalt ist bunt und lebhaft und sie hat täglich Abwechslung.

Warum wurde sie abgegeben?
Unsauberkeit ist ein häufiger Abgabegrund im Tierheim. Eine Katze ist nicht einfach so unsauber, sondern hat immer einen triftigen Grund, wenn sie nicht (nur) ihr Katzenklo benutzt. Dass eine Katze einfach nie gelernt hat, ein Katzenklo zu benutzen, ist sehr selten. Aber auch das ist kein unlösbares Problem. Auf das Thema Unsauberkeit gehe ich weiter unten näher ein.

Eine Katze, die gegen Menschen aggressiv ist oder war, würde ich Dir nicht empfehlen, wenn Du das erste Mal eine Katze haben möchtest. Zwar gibt es auch für Aggressionen gegen Menschen triftige Gründe oder konkrete Auslöser, die man vermeiden kann. Trotzdem birgt so eine Katze ein gewisses Risiko, Dich oder Deine Lieben zu verletzen, wenn Du ihre Körpersprache nicht genau verstehst. Und die kann sehr subtil sein!

Häufig werden Katzen auch abgegeben, weil sie einfach zu anstrengend geworden sind, weil sie überall gekratzt haben oder weil sie nicht kuscheln wollten. So etwas finde ich immer besonders schade, weil diese Verhaltensprobleme meist mit relativ einfachen Maßnahmen gelöst werden können. Wenn Du eine Katze der Charaktergruppe A oder B suchst, ist die Katze, die ihren Menschen auf die Nerven gegangen ist oder die aus Langeweile Dinge kaputtgemacht hat, vielleicht genau die Richtige für Dich. Oder aber die unnahbare Schönheit passt perfekt zu Dir, weil Du auch lieber Anwesenheit statt körperlicher Nähe magst.

Wie ist sie gegebenenfalls mit Kindern?
Diese Frage ist natürlich essenziell, wenn Du selbst Kinder hast, vor allem wenn Deine Kinder noch kleiner sind. Ich würde Dir empfehlen, erst einmal ohne Kinder das Tierheim zu besuchen. Kinder können schrecklich enttäuscht sein, wenn erst einmal keine Katze mit nach Hause kommt. Erst wenn eine Katze gefunden ist, die mutmaßlich gut mit Kindern klarkommt, dürfen Deine Kinder die Kandidatin auch kennenlernen.

Behalte im Hinterkopf, dass Katzen im Tierheim unter Umständen nicht ihr wahres Wesen zeigen, und weise Deine Kinder an, Rücksicht zu nehmen und die Kleine nicht zu bedrängen. Gerade bei kleineren Kindern versteht sich, dass Begegnungen immer unter Aufsicht stattfinden.

Toll ist es, wenn Deine Katze zu Hause viele Möglichkeiten hat, hochgelegene Ruheplätze aufzusuchen, wo kein Kind sie erreichen kann.

Wie ist sie gegebenenfalls mit fremden Katzen?
Diese Frage ist entscheidend, wenn Du schon eine oder mehrere Katzen zu Hause hast. Je geselliger Deine Wunschkandidatin ist, desto größer ist die Chance, dass eine Vergesellschaftung klappt. Dasselbe gilt natürlich für die bereits bei Dir vorhandene Katze beziehungsweise die bereits vorhandenen Katzen.

Übrigens ist es nicht zwangsläufig günstig, wenn sie früher mit sehr vielen Katzen zusammengelebt hat. Manche Kandidaten aus solchen »Multi-Katzen-Haushalten« haben für den Rest ihres Lebens genug von anderen Katzen.

Wie ist sie gegebenenfalls mit Hunden und/oder anderen Haustieren?
Wenn Du beispielsweise einen Hund hast, ist es wichtig, dass Du eine Katze findest, die Hunde kennt und mag oder die wenigstens kein Problem mit Hunden hat. Weil Du im Tierheim

schlecht Deinen Hund mit ins Katzenhaus nehmen kannst, bist Du hier auf die Informationen angewiesen, die die Tierheimmitarbeiter Dir geben können.

Auch andere Haustiere können auf einzelne Katzen ganz unterschiedliche Wirkungen haben. Manche Katzen scheinen sämtliche Jägerinstinkte abgelegt zu haben und machen keine Anstalten, kleine Nagetiere oder Vögel anzuspringen. Andere versuchen sogar Ratten und Kaninchen zu erlegen. Wenn Du schon andere Haustiere hast, ist es natürlich das ganz große Los, wenn Du eine Katze findest, die diese Arten kennt und mit ihnen friedlich ist. Wenn nicht, gilt es, sie unter sehr kontrollierten Bedingungen zusammenzubringen und im Notfall sofort wieder trennen zu können. Generell sollten Katzen aber keinen uneingeschränkten Zugang zu Terrarien, Käfigen und Volieren haben, sondern nur unter Aufsicht. Du weißt ja: Vertrauen ist gut, Kontrolle ist besser ...

Wenn die Tierheimmitarbeiter Dir nicht viel zu Deinen Fragen sagen können und Du keine Erfahrungen mit Katzen hast, frage Dich noch einmal, ob es wirklich diese Katze sein soll – es sei denn, Du bist bereit, nötigenfalls Deine Wohnung und Deine Gewohnheiten umzukrempeln und, ganz wichtig, Du hast nicht bereits eine oder mehrere Katzen zu Hause.

Ich weiß, manchmal ist es einfach Liebe auf den ersten Blick ist und Du wirfst sofort alle Bedenken über Bord. Das böse Erwachen kommt manchmal dann später, wenn Du merkst, dass es überhaupt nicht funktioniert. Andererseits kann es sein, dass das Gefühl nicht trügt und Du die Kleine einfach so sehr liebst, dass Ihr gemeinsam alle Schwierigkeiten durchsteht. Als objektive Außenstehende würde ich Dir aber immer empfehlen, noch eine Nacht darüber zu schlafen, wenn Du im Grunde weißt, dass die Konstellation nicht ideal ist.

Es kann übrigens auch passieren, dass Du nicht sofort eine passende Katze findest. Das kann wirklich frustrierend sein, vor allem wenn Du den Transportkorb schon im Auto hast und dann ohne neues Familienmitglied nach Hause fahren musst. Auch und vor allem wenn Du Kinder hast, gehe lieber mit der Erwartung ins Tierheim, nur zu gucken. Ich selbst war eine Zeit lang fast jedes Wochenende im Tierheim, als ich meine erste Katze gesucht habe. Umso schöner ist es dann, wenn plötzlich Deine Traumkatze da ist und Du erkennst: die oder keine!

Zusammenfassung

Katzen im Tierheim verhalten sich oft anders als im »normalen« Leben. Versuche durch gezielte Fragen so viel wie möglich über Deine Wunschkandidaten herauszubekommen. Bei sogenannten Abgabetieren gibt es naturgemäß mehr Informationen aus erster Hand als bei Katzen, die gefunden und im Tierheim abgegeben wurden.

Je weniger man Dir über eine Katze sagen kann, desto mehr musst Du Dich auf Überraschungen gefasst machen. Wenn Du noch keine oder noch nicht viel Erfahrung mit Katzen hast, ist eine solche Katze nicht die beste Wahl.

Falls Du schon eine Katze hast und eine Zweitkatze suchst: Achte darauf, dass Deine Wunschkandidatin ein geselliges Wesen hat, was ihresgleichen angeht. Wenn eine Katze sehr menschenfreundlich ist, heißt das noch lange nicht, dass sie auch andere Katzen mag! Manche Tierheime bieten an, dass man seine Katze mitbringt, sodass sie sich ihren neuen Partner sozusagen selbst aussuchen kann. Das funktioniert aber nicht immer, und es kann passieren, dass es bei Dir zu Hause dann ganz anders kommt. Eine Zusammenführung zweier Katzen ist meistens heikel und sollte gewissenhaft durchgeführt werden.

Zuweilen gibt es im Tierheim auch sehr junge Katzen oder sogar Babykatzen. Auch hier achte unbedingt darauf, dass die Kleine mindestens zwölf Wochen alt ist.

Die Sache mit den Pinkelkatzen

Viele Katzen werden abgegeben, weil sie ihr Katzenklo nicht oder nicht immer benutzt haben.

Unsauberkeit kann viele Ursachen haben. Manchmal ist es etwas Körperliches, zum Beispiel eine Blasenentzündung oder auch Harngrieß, und kann medikamentös behandelt werden. Manchmal ist es einfach der falsche Ort für die Katzentoilette oder eine nicht ideale Katzenstreu. In diesen Fällen handelt es sich zumeist um die sogenannte klassische Unsauberkeit, die sich erstaunlich einfach durch eine Optimierung des »Klomanagements« aus der Welt schaffen lässt, also mehr oder auch andere Katzentoiletten an passenderen Orten, eine für Katzen angenehmere Streu oder einfach bessere Hygiene.

Der andere Grund für das Pinkeln außerhalb des Katzenklos ist das Markieren, also das gezielte Anbringen von Urin, selten auch Kot, an strategisch wichtigen Stellen.

Für Katzen ist das Markieren ein sehr wichtiges Ausdrucksmittel, und es wird vermutet, dass es ihnen auch in gewissen Situationen hilft, Stress abzubauen. Markierverhalten ist also im Grunde völlig normal und kann zum Beispiel auch vorkommen, wenn die Katze sehr unsicher ist – auch Furcht vor Menschen kann der Auslöser sein. Markieren bietet sich für Katzen auch und insbesondere an, wenn sie zum Beispiel mit einer oder mehreren Katzen zusammenleben müssen, die sie nicht mögen oder die sie gar fürchten.

So eine »Pinkelkatze« in eine bestehende Katzengemeinschaft integrieren zu wollen, ist keine gute Idee.

Auf jeden Fall ist es nicht so, dass eine Katze, die in ihrem letzten Zuhause unsauber war, es in ihrem neuen Zuhause automatisch wieder sein muss.

Ich gehe davon aus, dass körperliche Ursachen wie Blasenentzündung oder Nierenprobleme im Tierheim bereits ausgeschlossen beziehungsweise medizinisch behandelt wurden. Womöglich hat sich das Problem damit schon erledigt.

Gab es keine körperlichen Ursachen, stammt diese Katze aus einem Mehrkatzenhaushalt und zeigt auch im Tierheim, dass sie nicht besonders auf Artgenossen steht, aber keine Probleme mit Menschen hat, würde ich einer solchen Katze als Einzelkatze eine zweite Chance geben. Ich würde ihr zwei bis drei große Katzenklos mit einer sehr feinen Einstreu an unterschiedlichen Stellen in der Wohnung zur Verfügung stellen. Ich bin mir ziemlich sicher, dass diese Katze keine Unsauberkeit mehr zeigen wird – vorausgesetzt natürlich, sie hat in ihrer Jugend gelernt, ein Katzenklo zu benutzen …

Die Katze vom Züchter

Im Folgenden spreche ich in der männlichen Form von Züchtern. Damit meine ich aber auch Züchterinnen und möchte betonen, dass ich keinerlei Diskriminierungsabsichten hege. Tatsächlich sind die meisten Katzenzüchter weiblich.

Ich gebe es offen zu: Ich bin ein Fan von Rassekatzen – Du hast es beim Lesen wahrscheinlich schon bemerkt. Ich finde die unterschiedlichen Erscheinungen und Eigenschaften extrem faszinierend. Und ich bin der Meinung, dass Rassekatzen gerade in der Großstadt absolut eine Daseinsberechtigung haben, abgesehen von ihrer kulturellen Bedeutung.

Zunächst möchte ich zwei Begriffe erklären, die im Zusammenhang mit der Zucht von Rassekatzen auftauchen und regelmäßig für Verwirrung sorgen, nämlich die Begriffe Hobbyzucht und Liebhaberzucht.

Ein Hobby kann man überaus ernsthaft betreiben. Manche Menschen stecken jede freie Minute in ihr Hobby, bilden sich unentwegt fort und betreiben einen regen Austausch mit anderen Menschen, die ebenfalls diesem Hobby frönen. Genauso verhält es sich auch mit einem Hobbyzüchter! Der Hobbyzüchter betreibt sein Hobby, nämlich die Katzenhaltung und -zucht, sehr gewissenhaft.

Eine Liebhaberzucht ist im Grunde genommen auch nichts anderes als eine Hobbyzucht, nur dass man hier unter Umständen weniger hinter irgendwelchen Pokalen und Ausstellungstrophäen her ist. Ein seriöser Züchter sollte meiner Meinung nach allerdings durchaus auch ein Pokaljäger sein. Aber dazu später mehr.

Wenn jemand Katzen (oder auch andere Tiere) ernsthaft züchtet, hat er das große Ganze im Blick. Züchten bedeutet, die Rasse voranzubringen, und es braucht schon eine gewisse Anzahl Würfe im Jahr, um wirklich Fortschritte zu erreichen. Was dabei »abfällt«, sind sogenannte Liebhabertiere, die den Erwartungen aus Züchtersicht nicht gerecht werden. Das hat überhaupt nichts mit Geringschätzung zu tun, sondern mit dem besagten Blick auf das große Ganze. Und das wiederum ist ein großes Glück für uns Katzeneltern, die einfach nur eine Rassekatze zum Liebhaben möchten und denen es egal ist, wenn ihre Katze nicht perfekt gezeichnet ist oder etwas zu große Ohren hat.

Einen guten Züchter finden

Eine Möglichkeit, jemanden zu finden, der Deine Traumrasse züchtet, ist die Suche über die zahlreichen Katzenzuchtvereine. Katzenzuchtvereine führen Züchterlisten, die Du auf der Webseite der Vereine findest.

Nun gibt es bei uns eine unübersichtlich große Anzahl an Katzenzuchtvereinen. Manche sind toll, andere sind – nun ja. Es gibt kleine, feine Vereine, die ihren Mitgliedern sehr strenge Richtlinien auferlegen und deren Einhaltung auch kontrollieren. Das gilt für die Haltungsbedingungen und die Zuchtvoraussetzungen der einzelnen Zuchtkatzen. Bei anderen Vereinen kann man sogar für eine Fundkatze einen Stammbaum bekommen, wenn sie nur genug nach Rassekatze aussieht. Ich empfehle Dir, hier einfach mal im Internet zu stöbern, um die Ideale, Vorstellungen und Philosophien der verschiedenen Vereine herauszufinden.

Sehr gut finde ich es, wenn Züchter die Möglichkeit haben, im Verein ihr Wissen zu erweitern und mit dem Ablegen einer Prüfung einen Sachkundenachweis zu erwerben. Unter uns gesagt, fände ich es sogar richtig, wenn ohne einen Sachkundenachweis gar nicht gezüchtet werden dürfte.

Ein gutes Zeichen ist es, wenn der Verein wiederum einer

der fünf Dachorganisationen angeschlossen ist. Diese sind die europäischen Verbände Fédération Internationale Féline (FIFE), die World Cat Federation (WCF) und der Governing Council of the Cat Fancy (GCCF) sowie die Cat Fanciers' Association (CFA) und The International Cat Association (TICA) aus den USA.

Du kannst die Suche aber natürlich auch andersherum angehen und im Internet direkt nach Züchtern suchen. Und auf deren Seiten schaust Du dann, in welchem Verein sie Mitglied sind. Vielleicht ist es Dir auch wurscht, in welchem Verein »Dein« Züchter Mitglied ist – Hauptsache, er ist überhaupt in einem Verein, denn sonst bekommt er nämlich gar keine Stammbäume für seine Kätzchen.

Ein guter Züchter sollte auf seiner Homepage auch zu gesundheitlichen Fragen Stellung beziehen. Bei Rassen, die für spezielle Erbkrankheiten bekannt sind, sollte der Züchter auf die entsprechenden Untersuchungen hinweisen und Bescheinigungen vorweisen können, dass seine Tiere negativ auf diese Krankheiten getestet wurden (»negativ« heißt in diesem Fall, dass die Krankheit oder auch die Veranlagung dazu nicht nachgewiesen werden konnte).

Schön finde ich es auch immer, wenn auf der Homepage des Züchters Berichte und Bilder von »Ehemaligen« in deren neuen Familien zu finden sind. Das zeigt, dass die Käufer zufrieden sind und der Züchter Interesse daran hat, was aus seinen Kätzchen wird. Nebenbei kannst Du auch sehen, wie sich die Katzen als sogenannte Kastraten entwickeln. Das ist für Dich interessant, weil Du ja natürlich Deine Katze(n) auch kastrieren lassen wirst, es sei denn, Du planst, Dir ein neues, teures und zeitaufwendiges Hobby zuzulegen und ernsthaft in die Katzengenetik einzusteigen. Kastraten entwickeln sich körperlich meist ein wenig anders als unkastrierte Tiere.

Wie bereits erwähnt, gibt es für viele Katzenrassen auch Gruppen auf Facebook, in denen Du Mitglied werden kannst. Dort kannst Du dann einen Beitrag posten und fragen, ob jemand einen guten Züchter in Deiner Nähe kennt oder weiß, wer gerade Kitten hat oder demnächst einen Wurf erwartet. Wenn Du bei Facebook Deine Traumrasse in der Suchfunktion eingibst, bekommst Du solche Gruppen angezeigt.

Übrigens haben viele Züchter uralte Webseiten, auf denen sie nicht mehr viel machen. Das heißt aber nicht automatisch, dass sich auch in ihrer Zucht nicht mehr viel tut. Viele Züchter haben mittlerweile ein Facebookprofil oder eine Facebookseite, auf der sie regelmäßig posten. Wenn Du einen Züchter im Internet gefunden hast, der Dir zusagt, aber seine Webseite eingeschlafen zu sein scheint, suche bei Facebook nach dem Namen der Cattery, sprich der Katzenzucht. Mit Glück findest Du den Züchter dort und kannst Dich auf den neuesten Stand bringen.

Kontaktaufnahme

Der nächste Schritt wird höchstwahrscheinlich sein, dass Du Dich telefonisch oder per E-Mail bei dem Züchter Deines Interesses meldest. Es ist ein gutes Zeichen, wenn er sich Zeit nimmt für all Deine Fragen und seinerseits auch Dir ein bisschen auf den Zahn fühlt, ob Du denn überhaupt geeignet bist, einem seiner Kätzchen ein neues Zuhause zu geben.

Wenn er sofort sagt, wie super günstig seine Kätzchen sind und dass Du am besten morgen gleich zum Abholen vorbeikommst, solltest Du das Gespräch freundlich, aber schnell beenden. Das ist nämlich einer von diesen Vermehrern, die Du auf keinen Fall durch einen Kauf unterstützen solltest.

Vorsicht vor der Fangfrage, ob die Katzen bei Dir nach draußen dürfen. Ich kenne kaum einen Züchter, der damit einverstanden wäre, dass eine Katze von ihm Freilauf bekommt, es sei denn, es handelt sich um einen gesicherten Garten oder Ähnliches. Züchter finden Freilauf für Katzen im Allgemeinen unnötig und viel zu gefährlich. Wenn Du also auf seine Frage »Ja, klar!« antwortest, war's das wahrscheinlich.

Natürlich ist es allein Deine Entscheidung, ob Du Deine

Katze draußen frei herumlaufen lässt oder nicht. Aber Züchtern gefällt die Vorstellung überhaupt nicht, dass ihre Babys draußen diversen Gefahren ausgesetzt sind. Gerade bei einer Rassekatze besteht außerdem immer die Gefahr von Diebstahl.

Wenn also das Telefonat eine angemessene halbe bis ganze Stunde gedauert hat oder Ihr E-Mails ausgetauscht habt und einander sympathisch seid, steht einem Besuch im Züchterhaushalt nichts mehr im Wege.

Der erste Besuch

Du darfst einen leicht chaotischen, aber gepflegten Haushalt erwarten, der die Katzenliebe seiner Bewohner widerspiegelt. Katzennippes, Katzenbilder, Katzenbücher und – natürlich – Katzen überall sind normal, genauso sind stolz ausgestellte Siegestrophäen von Katzenausstellungen üblich.

Es darf auch ein bisschen nach Katze riechen (diese typische Mischung aus Katzenklo und Dosenfutter), aber nicht penetrant. Sollte das der Fall sein, hat der Züchter die Hygiene nicht im Griff.

Übrigens freuen sich Züchter wie andere Gastgeber auch, wenn Du ein kleines Mitbringsel in Form von Katzenspielzeug oder ein kleines Blümchen dabei hast.

Nun darfst Du endlich die Katzen in natura erleben! Die anwesenden Katzen sollten freundlich und interessiert sein. Verschwinden alle Katzen aus Deinem Blickfeld und müssen einzeln auf dem Arm hereingetragen werden, während sie heftig mit dem Schwanz peitschen, stimmt etwas mit der Sozialisierung auf Menschen nicht. Du kannst mit ziemlicher Sicherheit davon ausgehen, dass Kätzchen aus diesem Haushalt sich zu solchen Katzen entwickeln, die bei Besuch unsichtbar werden und erst wieder herauskommen, wenn es eine halbe Stunde lang ruhig geblieben ist. Bestenfalls. Schlimmstenfalls bekommst Du eine Katze, die sich auch vor Dir fürchtet und bei jedem ungewohnten Geräusch die Flucht ergreift.

Wenn Dir die Katzen ängstlich vorkommen, brich am besten diesen Besuch diplomatisch, aber so schnell wie möglich ab – bevor Du die abzugebenden Kätzchen aus der Nähe gesehen hast und Dein Herz Deinen Verstand ausschaltet. Du könntest zum Beispiel sagen, es ginge Dir plötzlich nicht gut oder Du hättest soeben eine SMS bekommen, dass Du sofort nach Hause musst.

Gesetzt den Fall, die anwesenden Katzen sind zutraulich und freundlich Dir gegenüber, bleib da und lass Dir die Kätzchen zeigen. Dass diese proper und sauber aussehen sollten, versteht sich. Sie sollten ihrem Alter entsprechend agil sein und neugierig auf Dich zutapsen. Wenn sie gerade schlafen oder geschlafen haben und noch ein wenig drömelig sind, ist das aber auch kein Grund zur Beunruhigung. Katzen schlafen sehr viel, und auch Katzenkinder brauchen zwischendurch ihre Ruhepausen. Nach einer Weile sollten sie aber munter werden.

Es ist übrigens in Ordnung, wenn die Kleinen bis zu einem

gewissen Alter in einem Extrazimmer oder einem Laufgitter aufwachsen. Es muss für eine gute Sozialisierung auf Artgenossen und Menschen aber unbedingt ein reger Kontakt mit selbigen stattfinden, das heißt entweder haben Menschen und andere, erwachsene Katzen regelmäßig Zugang zu den Kätzchen oder, besser noch, darf sich auch der Katzennachwuchs ab einem gewissen Alter mehr oder weniger frei im Züchterhaushalt bewegen, zumindest aber im Wohnzimmer. Das ist optimal, denn so lernen die Kleinen auch Dinge des Alltags kennen und haben später keine Angst etwa vor dem Staubsauger oder Menschen in Mänteln und mit Hüten.

Welche soll(en) es denn sein?

Du hast nun einen tollen Züchter gefunden, und seine Katzen und vor allem auch die Babys gefallen Dir. Nun musst Du entscheiden, welches Kätzchen bei Dir Einzug halten soll, wenn es so weit ist. Vielleicht möchtest Du auch gleich zwei kleine Racker zu Dir holen.

Beherzige bei Deiner Wahl den Rat, Extreme zu meiden. Ein besonders großes Kätzchen kann Probleme durch zu schnelles Wachstum haben oder bekommen, ein besonders kleines Kätzchen kann das Ergebnis eines Gesundheitsproblems wie zum Beispiel eines Herzfehlers oder einer Entwicklungsverzögerung sein.

Befrage den Züchter auch ausgiebig zu den Charaktereigenschaften der Kleinen. Er kennt die Rasselbande am besten und wird Dir sehr gerne dabei behilflich sein, den oder die passenden Kandidaten zu ermitteln.

Überhaupt brauchst Du keine Hemmungen zu haben, den Züchter mit Fragen zu löchern. Lass Dir den Stammbaum Deiner zukünftigen Katze zeigen und erläutern. Frag nach, wenn Du etwas nicht verstehst. Der Züchter wird sich freuen, wenn er über sein liebstes Hobby plaudern kann.

Ein Kaufvertrag muss sein

Solltest Du bei diesem Züchter Deine Traumkatze oder Deine Traumkatzen gefunden haben, wird er einen Kaufvertrag mit Dir machen. Wenn er keinen Vertrag machen möchte, stimmt etwas nicht, und ich kann Dir dann nur empfehlen weiterzusuchen, so schwer es auch fällt.

Den Kaufvertrag solltest Du wie jeden anderen Vertrag auch erst unterschreiben, wenn Du alles gelesen und verstanden hast und mit allem einverstanden bist.

Aus den vorhin schon erwähnten Gründen ist es völlig in Ordnung, wenn Du mit dem Kaufvertrag die Verpflichtung unterschreibst, die Katze oder den Kater später kastrieren zu lassen. Auch die Verpflichtung, die Katze als Erstes Deinem Züchter anzubieten, wenn Du sie aus irgendeinem Grund nicht behalten kannst, ist eine gute Sache und zeigt, dass dem Züchter das weitere Schicksal seiner Kätzchen am Herzen liegt.

Deshalb kannst Du Dich auch freuen, wenn der Züchter darauf besteht, das oder die Kätzchen persönlich zu Dir zu bringen. Der Züchter hält sich so ein Hintertürchen offen, seine Katze(n) direkt wieder mitzunehmen, wenn er Deinen Haushalt wider Erwarten für ungeeignet hält. Das ist kein unangebrachtes Misstrauen, sondern kluge Voraussicht oder die Konsequenz aus schlechten Erfahrungen. Und es zeigt, dass Du es mit einem wirklich engagierten Züchter zu tun hast, der keine Zeit und Mühen scheut, damit es seinen Lieben gut geht.

Selbstverständlich musst Du neben Kaufvertrag und Stammbaum auch den Impfpass mitbekommen und natürlich die feste Zusage, im Notfall jederzeit anrufen zu können. Die meisten Züchter bestehen sogar darauf, dass ihre Kittenkäufer sich in der ersten Zeit immer einmal bei ihnen melden und berichten, wie die Kleinen sich machen.

In der Regel bekommst Du auch einen kleinen Vorrat des gewohnten Futters mit, weil so ein Umzug in ein neues Leben ohnehin schon aufregend genug ist und nicht auch noch mit einer Futterumstellung einhergehen sollte.

Und wenn beim Abschied ein paar Tränen rollen oder ein gewisser unterschwelliger Groll gegen Dich als Katzenentführer zu spüren sein sollte, ist das gut so, denn auch das zeigt, dass Du bei einem echten Katzenfreund und sehr herzlichen Menschen gelandet bist.

Zusammenfassung

Ein Kätzchen oder auch eine ältere Katze vom Züchter zu nehmen, bietet sich an, wenn Du eine Rassekatze suchst. Achte darauf, dass der Züchter sich mit der Genetik »seiner« Rasse auskennt, vor allem was Erbkrankheiten angeht. Seine Zuchttiere sollten unbedingt auf die gängigen Erbkrankheiten getestet sein.

Bei einem ersten Besuch solltest Du einen halbwegs gepflegten Haushalt vorfinden, in dem es nicht stinkt. Wenn der Züchter viele Katzen hat, ist ein gewisser Geruch nach Katzenfutter, Streu und Desinfektionsmittel aber normal. Wichtig ist vor allem, dass die Katzen einen gesunden, freundlichen und aufgeschlossenen Eindruck machen. Die Kätzchen sollten am Alltag teilnehmen können und nicht in einem geschlossenen Raum für sich sein – außer sie sind noch sehr klein.

Der Züchter sollte einem Verein angehören und seine Kätzchen zu einem angemessenen Preis verkaufen, der zwischen sechshundert und eintausend Euro liegen kann – bei bestimmten Rassen wie Bengalen teilweise auch höher. Ein Stammbaum für die Kätzchen sollte selbstverständlich sein, wenn der Züchter sein Hobby gewissenhaft betreibt, ebenso ein schriftlicher Kaufvertrag.

Umständehalber abzugeben: Die Katze von privat

Internetplattformen, Tageszeitungen und Käseblätter sind voll mit Angeboten von Tieren von Privatleuten. Mit Glück findest Du auf diesem Weg Deine Traumkatze. Der Vorteil ist, dass Du Informationen aus erster Hand bekommst. Ob die immer hundertprozentig der Wahrheit entsprechen, ist wieder eine andere Frage. Die wenigsten Leute sagen Dir offen und ehrlich, dass ihre Katze unsauber oder auch aggressiv ist. Mit ein wenig Menschenkenntnis gelingt es Dir aber vielleicht, ihre Ehrlichkeit einzuschätzen. Und mit einem feinen Näschen, kritischer Beobachtung und gezielten Fragen kannst Du Dir vielleicht auch gut ein eigenes Bild machen.

Besonders im Sommer werden viele Kätzchen angeboten, weil immer wieder nicht kastrierte Katzendamen entwischen oder einfach so ins Freie dürfen und die süßen Ergebnisse ihrer Liebesabenteuer ein paar Monate später einen neuen Wirkungskreis suchen. An dieser Stelle möchte ich Dich nochmals bitten, nur ein Kätzchen zu Dir zu nehmen, das mindestens zwölf Wochen alt ist.

Neben den Katzenkindern werden Katzen jeden Alters und jeglicher Couleur angeboten. Manchmal ist es so, dass jemand sich von seiner Katze trennen muss, obwohl er es gar nicht möchte. Eine Trennung vom menschlichen Partner kann ein Grund sein, ein anstehender Umzug ins Ausland oder gar ein Todesfall. Vielleicht ist ein solches »Opfer der Umstände« genau die Katze, die Du suchst. Im Gespräch mit den Katzeneltern, die ihre Katze in ein neues Zuhause vermitteln, kannst Du herausfinden, ob sie zu Dir und Deinen Vorstellungen passt.

Es kann das Mobbingopfer einer kleinen Katzengesellschaft sein, das zu Dir passen könnte, wenn Du eine Einzelkatze möchtest. Es kann eine nette Katze sein, die mit dem neuen

Baby nicht zurechtkommt und die super zu Dir passt, weil Du keine kleinen Kinder oder Enkelkinder hast. Es kann eine aufgeweckte, lebhafte Katze sein, für die in ihrem jetzigen Zuhause einfach zu wenig Zeit ist und die super zu Dir passt, weil Du eine Katze suchst, mit der Du ganz viel spielen oder der Du etwas beibringen kannst. Es kann aber auch eine ältere Katze sein, deren ebenfalls betagte Katzenmama ins Pflegeheim muss, wohin sie sie nicht mitnehmen kann, und die ganz wunderbar zu Dir passt, weil Du eine ruhige Katze suchst, die kein Entertainmentprogramm mehr braucht.

Es gibt hier aber auch Katzen, die gewisse Verhaltensprobleme mitbringen. Wenn die Menschen, die so eine Katze abgeben, ehrlich zu Dir sind und offen sagen, wo das Problem liegt, kannst Du für Dich abwägen, ob sie trotzdem für Dich infrage kommt oder nicht.

Wie schon im Kapitel über Katzen aus dem Tierschutz erwähnt, hängen die meisten Verhaltensprobleme mit den Umständen der Katzenhaltung zusammen und lassen sich mit den passenden Maßnahmen wunderbar behandeln. Eine unsaubere Katze zum Beispiel hat bei Dir vielleicht gar keinen Grund mehr, unsauber zu sein, und benutzt nur noch brav ihr Katzenklo. Eine ängstliche Katze aus einem sehr lebhaften Haushalt könnte bei Dir aus sich herauskommen, wenn Du ihr gegenüber zurückhaltend bist und ihr die Möglichkeit gibst, ihr neues, ruhiges Umfeld und auch Dich selbst in ihrem eigenen Tempo kennenzulernen.

Sicherlich ist eine solche Katze mit Problemen nicht ideal, wenn Du das erste Mal eine Katze adoptierst. Dass sie überhaupt Verhaltensprobleme entwickelt hat zeigt, dass sie nicht gerade Nerven wie Drahtseile und/oder vergleichsweise hohe Ansprüche an ihre Umgebung hat.

Andererseits haben gerade diese Katzen natürlich eine zweite Chance verdient und können unter Umständen regelrecht aufblühen, wenn sie in einen liebevollen Haushalt kommen, der auf ihre Bedürfnisse Rücksicht nimmt.

Wenn Du Dir nicht sicher bist, schlafe lieber noch eine Nacht darüber oder spreche mit jemandem, der sich auskennt oder der zumindest objektiv ist.

Manchmal werden Katzen auch abgegeben, weil sie erkrankt sind und die Katzeneltern sich die Medikamente nicht (mehr) leisten können oder mit der Behandlung überfordert sind. Katzen mit gesundheitlichen Handicaps können mit den richtig eingestellten Medikamenten oft wunderbar leben. Du musst Dir aber bewusst sein, dass Medikamente laufend Geld kosten.

Wenn Du Dich für eine Katze entscheidest, die täglich Medikamente benötigt, beachte außerdem, dass die pünktliche Medikamentengabe Dich in Deinem Alltag möglicherweise einschränkt. Vor allem Katzen mit Diabetes müssen unter Umständen alle zwölf Stunden eine Insulininjektion bekommen. Die Injektion selbst ist nicht schlimm, während der Zwölfstundenrhythmus Dich schon eher vor eine Herausforderung stellt – bist Du wirklich bereit, auch am Wochenende morgens früh aufzustehen und kannst Du gewährleisten, dass Du abends immer zur selben Zeit zu Hause bist? Und hast Du jemanden, dem Du die Patientin anvertrauen kannst, wenn Du nicht da bist?

Anmerkung: Diabetes kann bei Katzen auch wieder verschwinden – die Diagnose muss also nicht endgültig sein. Wichtig sind die regelmäßige Kontrolle des Blutzuckers und gegebenenfalls eine Nachjustierung der täglichen Insulindosis durch den Tierarzt.

Zusammenfassung

Eine Katze von Privat kann ein Glücksgriff sein oder auch nicht. Schau Dir bei einem Besuch alles ganz genau an, lass die Atmosphäre auf Dich wirken und versuch einzuschätzen, ob die bisherigen Katzeneltern Deiner Traumkatze Dir auch die Wahrheit erzählen.

Wenn es sich für Dich richtig und stimmig anfühlt und wenn vor allem die Katze(n) genau dem entspricht oder entsprechen, was Du Dir wünschst – wunderbar! Wenn Du kein gutes Gefühl hast, Dir die Leute sehr unsympathisch sind oder gar die Situation, die Du vorfindest, Dich schockiert, lass besser die Finger von dieser Katze. Im nächsten Kapitel erfährst Du, was in diesem Fall zu tun ist.

Wenn Du Dich für ein Katzenkind interessierst, achte darauf, dass es mindestens zwölf Wochen alt ist, und überzeuge Dich, dass es unter katzenwürdigen Bedingungen aufgezogen wurde.

10.
Schwarze Schafe

Wo Licht ist, da ist auch Schatten. Ich weise Dich deshalb auch auf mögliche Fallen beim Katzenkauf hin.

Schwarze Schafe gibt es sowohl bei Züchtern als auch bei Menschen, die nur angeblich für den Tierschutz arbeiten, in Wirklichkeit aber ganz gerissene Zeitgenossen sind und gutgläubige, tierliebe Menschen und deren Vertrauen ausnutzen wollen. Ihnen geht es gar nicht um Tierschutz, sondern um Profit. Es ist kaum zu glauben, aber es gibt tatsächlich Menschen, die Katzen und auch Hunde gezielt vermehren, um sie dann als angeblich gerettete Tiere anzubieten.

Wenn Du Dich auf eine Anzeige meldest, bei der es sich angeblich um eine Tierschutzkatze handelt, frage nach dem Namen der Organisation und google sie anschließend. Wenn Dir niemand einen Namen nennen will oder kann und es nur heißt, dass es Katzen aus dem Tierschutz oder beschlagnahmte Katzen sind, lass bloß die Finger davon! Das gilt ganz besonders, wenn es sich um Rassekätzchen handelt.

Stichwort Rassekätzchen: Einen großen Bogen solltest Du bitte auch um Züchter machen, die mit Rassekätzchen zu Schnäppchenpreisen werben. Du kennst doch bestimmt den Spruch »Qualität hat ihren Preis«. Kurz gesagt: genauso ist es! Wer seine Kätzchen für zweihundert oder dreihundert Euro abgibt, hat sich höchstwahrscheinlich keine großen Gedanken über die genetischen Qualitäten der Elterntiere und die Aufzuchtbedingungen gemacht, sondern möchte einfach ohne großen Aufwand ein wenig Geld verdienen.

Es ist ein bisschen wie die Gucci-Täschchen für siebzig Euro vom fliegenden Händler – nur geht es hier um lebendige Wesen!

Deshalb ist es mir über alle Maßen wichtig, Dich vor solchen Angeboten zu warnen. Nicht vor nachgemachten Designertaschen (obwohl …), sondern vor Billigangeboten von Rassekatzen. Solche Kätzchen müssen natürlich nicht zwingend krank oder traumatisiert sein. Aber die Wahrscheinlichkeit ist sehr hoch, dass ihre Eltern weder auf mögliche Erbkrankheiten getestet noch einem Ausstellungsrichter vorgeführt wurden, der ihnen bescheinigt hat, dass sie besonders schöne und gesunde Vertreter ihrer Rasse sind.

Aber Du möchtest doch einfach nur ein nettes Kätzchen einer bestimmten Rasse, das nicht jeden Preis in einer Katzenschau abräumen würde. Das verstehe ich sehr gut. Trotzdem gehört zu einer guten Katzenzucht viel mehr als nur zwei Katzen zu verpaaren, die der gleichen Rasse angehören. So etwas ist keine ernsthafte Zucht, sondern eine Vermehrung. Und vermehrt werden müssen Katzen nun wirklich nicht noch zusätzlich!

Wenn Du Dir eine oder mehrere Katzen bei Privatpersonen anschaust, versuche möglichst, Dein Herz kurz abzuschalten. Ich kenne sehr viele Leute, die sich auf eine Anzeige gemeldet haben und wo die Zustände, die sie vorfanden, sie veranlasst haben, ohne lange nachzudenken die arme Katze von dort zu retten.

Ich finde selbst, dass jede Katze aus unwürdigen Verhältnissen möglichst sofort befreit werden sollte. Die Frage ist, ob Du um jeden Preis das arme Ding mitnehmen solltest, obwohl es überhaupt nicht Deiner Traumkatze entspricht. Vielleicht sollte es genauso sein. Vielleicht passt sie aber auch gar nicht zu Dir und Deinem Leben. In diesem Fall ist es eine kluge Alternative, den Tierschutz einzuschalten, wenn Du der

Meinung bist, dass diese Haltungsbedingungen nicht hinnehmbar sind.

Man spricht von Tierschutzrelevanz, wenn einem Tier Leid oder Schmerzen zugefügt werden. Dafür können gewalttätige Menschen verantwortlich sein oder extreme Hygienemängel. Manchmal ist es auch die Haltung in einem womöglich verdreckten Verschlag im Freien ohne menschliche Nähe. In diesem Fall betrachte ich es als unsere moralische Pflicht, den Tierschutz oder auch das Veterinäramt einzuschalten. Beschlagnahmte Tiere kommen ins Tierheim und haben dort eine Chance, von dem oder den zu ihnen passenden Menschen gefunden zu werden. Und den Menschen, die das Leid zu verantworten haben, wird durch die Behörden hoffentlich das Handwerk gelegt. Dafür bist nicht Du zuständig!

11.
Gedanken zu glücklichen Beziehungen und ein Dankeschön

Wir sind nun am Ende unserer Reise angelangt. Ich danke Dir für Deine Aufmerksamkeit und Deinen Einsatz und freue mich, dass Du das Thema Katzenwahl wirklich ernst nimmst, denn so schaffst Du beste Voraussetzungen dafür, dass es mit Dir und Deiner Traumkatze auch traumhaft funktioniert.

Du hast jetzt eine Vorstellung davon, wie wichtig es ist, dass Katze und Mensch gut zusammenpassen.

Du bist Dir darüber klargeworden, was Du einer Katze bieten kannst und was Du Dir von einem Zusammenleben mit ihr erhoffst.

Du weißt, ob ein kleines Kätzchen, eine ältere oder eine junge erwachsene Katze in Dein Leben kommen darf.

Du hast eine Idee, wie sie aussehen könnte.

Auf jeden Fall ist Dir bewusst, welche Charaktereigenschaften sie idealerweise mitbringt.

Du hast Dir Gedanken darüber gemacht, ob Du Dir Freilauf für Deine Katze wünschst und wie gegebenenfalls die Alternativen aussehen könnten.

Wenn Du von einer Rassekatze träumst, weißt Du nun, welche Rassen zu Dir passen könnten und wie Du an Insider-Informationen über diese Rassen kommst.

Auch hast Du nun ein Bild davon, wo Du Deine Traumkatze finden kannst – ob beim Züchter, vom Tierschutz oder aus privater Hand. Du weißt, welche Fragen Du im Tierheim stellen kannst oder im Gespräch mit jemandem, der selbst ein neues Zuhause für seine Katze sucht. Du bist gewappnet gegen böse Katzenvermehrer und kannst besser beurteilen, ob ein Züchter im Sinne der Katzen(-Rasse) handelt oder nur am schnellen Geld interessiert ist.

Ich bin überzeugt, dass Du Deine Traumkatze jetzt findest, nachdem Du dieses Buch durchgearbeitet hast, und drücke Dir ganz fest die Daumen dafür.

Einen Rat möchte ich Dir an dieser Stelle gerne noch mit auf den Weg geben: Wann immer es um Lebewesen geht, habe bitte Geduld. Vielleicht musst Du eine ganze Weile suchen, bis Du Deine Katze findest. Vielleicht braucht es am Anfang Zeit, bis Ihr beide ein wirkliches Traumteam werdet. Vielleicht gibt es auch einmal Phasen, in denen es nicht optimal läuft.

Du weißt ja, ich bin Katzenpsychologin. Ich sehe so viele Haushalte, in denen es Probleme mit Katzen gibt, weil sie einfach nicht zu den Menschen passen oder weil Katzen nicht zusammenpassen. Aber auch wenn die Voraussetzungen stimmen, kann es passieren, dass der Haussegen schiefhängt. Das ist ganz normal und kommt in den besten Beziehungen vor. Ich erlebe jeden Tag schwierige oder belastete Katze-Mensch- oder Katze-Katze-Beziehungen, und es ist meine Leidenschaft, solche Beziehungen wieder ins Lot zu bringen. Ich glaube nämlich ganz fest daran, dass jedes Wesen einen Anspruch darauf hat, glücklich zu sein oder zumindest zufrieden.

Manchmal brauchst Du nur einen kleinen Anstupser von außen. Manchmal braucht es auch ein ganzes Stück Arbeit und, wie gesagt, Geduld. Aber, das weiß ich aus Erfahrung, es lohnt sich immer.

In diesem Sinne wünsche ich Dir alles, alles Gute, viel Erfolg bei der spannenden Suche nach Deiner Traumkatze und viel Freude auf Eurem gemeinsamen Weg.

Im Anhang gebe ich Dir noch einige hilfreiche Links und Buchtipps an die Hand. Auch lege ich Dir nochmals ans Herz, Dich mit dem wichtigen Thema Erbkrankheiten zu befassen, und wünsche Dir ganz viel Spaß und Erfolg auf der Mission, Deine Traumkatze zu finden!

Hier findest Du noch einmal die Fragebögen und Tabellen:

www.felis-felix.de/traumkatze-gesucht-bonusbereich
Passwort: Traumkatze2018

Viele weitere Informationen zum Thema Katze findest Du außerdem in meinem Blog: felisfelixblog.wordpress.com

Informationen über meine Arbeit als Katzenpsychologin findest Du hier: www.felis-felix.de

Falls Du Fragen hast, Hilfe brauchst oder mir gelegentlich von Deinem Weg zu Deiner Traumkatze berichten magst, freue ich mich, von Dir zu hören. Schreib mir eine E-Mail an: tatjana@felis-felix.de

Wenn Dir das Buch gefallen und geholfen hat, freue ich mich über eine gute Bewertung von Dir, denn damit hilfst Du mir, noch mehr Menschen zu erreichen und ihnen zur Katze ihrer Träume zu verhelfen.
Ich wünsche Dir viel Freude mit Deiner Traumkatze!

Herzlichst
Deine Tatjana

Danke schön

Für seine unendliche Geduld, sein Verständnis für meine Stimmungen und seine unerschütterliche Liebe danke ich meinem Ehemann Thomas. Für ihre Begeisterung für meine Projekte, ihr stets offenes Ohr und ihre tollen Anregungen danke ich meiner Tochter Helen. Extrem dankbar bin ich außerdem unserem Kater Plumbum, der den Titel dieses Buches ziert, und der als sehr lebhafter und erziehungsresistenter Jungkater meinen Horizont in Sachen Katzenaufzucht ungemein erweitert hat (es geht nichts über praktische Erfahrungen!) und seiner kleinen Schwester, meiner Herzenskatze Dorle, die zuverlässig immer dafür sorgt, dass ich beim Schreiben Knuddel-Pausen einlege und mich erinnere, dass ein Gehirn mit Zucker und Wasser versorgt sein will (an meiner Ernährungsweise muss ich noch arbeiten). Ein herzliches Danke auch an Ute und Enno Eden, Cattery *Von der Cuxiküste*, dass sie uns die beiden anvertraut haben – ich kann mir vorstellen, dass der Abschied von Dorle ganz besonders hart gewesen sein muss. Ich danke den Katzen, die leider nicht mehr bei uns sind und die mein Leben so bereichert haben: Schmusi, Felix, Gaylord von Eickeloh alias Baby, Romeo, Julia alias Die Oma und Daisy.

Mein ganz besonderer Dank gilt auch Tom Oberbichler von *Mission Bestseller*, der mich bei diesem Buchprojekt begleitet hat und ohne den *Traumkatze gesucht* nicht das geworden wäre, was es geworden ist. Ich danke auch Corinna Rindlisbacher und ihrem Team von *ebokks*, die mit Liebe zum Detail aus meinem Manuskript ein richtiges Buch gemacht haben. Einen ganz wesentlichen Teil dieses Buches machen außerdem die Zeichnungen von Clarissa Hagenmeyer aus, und ich danke Clarissa von ganzem Herzen dafür. Ich freue mich schon auf unser nächstes Projekt!

Ich danke meinen Coaches Margit E. Macchia und Tina Gärtner, ohne die ich nicht dort wäre, wo ich jetzt bin und ohne die ich es nicht gewagt hätte, meinem Herzen zu folgen und hauptberuflich mit Katzen und ihren Menschen zu arbeiten. Danke auch an Britta Hilse für die Bestätigung, dass ich auf dem richtigen Weg bin.

Dass ich meiner Berufung folgen darf, ist nicht zuletzt natürlich all den Katzeneltern zu verdanken, die meinen Rat und meine Hilfe suchen, und ich danke Euch von ganzem Herzen für Euer Vertrauen und die tolle Zusammenarbeit mit Euch. Euren Katzen danke ich, dass ich sie kennenlernen durfte und sie mir immer wieder gezeigt haben, wie unglaublich vielschichtig das Wesen Katze ist – und dass man nie auslernt.

Tatjana Mennig hat zwei Leidenschaften: Tierverhalten und Schreiben. Schon als Kind las sie Bücher von Konrad Lorenz und liebte es, Tiere zu beobachten. Nachdem sie zunächst viele Jahre als Anwaltssekretärin gearbeitet hatte, absolvierte sie bei der renommierten Akademie für Tiernaturheilkunde (ATN) in der Schweiz eine Ausbildung als Tierpsychologin, Fachrichtung Katze, und berät seitdem Katzeneltern bei Problemen mit ihren Samtpfoten. Sie schrieb außerdem für verschiedene Tierzeitschriften und Blogs, bevor sie ihr eigenes Online-Katzenmagazin Felis felix' Blog ins Leben rief.
Tatjana lebt mit ihrem Mann und den beiden Britisch Kurzhaar Katzen Plumbum und Dorle in Norddeutschland.

www.felis-felix.de

Clarissa Hagenmeyer beschreibt sich selbst als Kreativcoach, Künstlerin und Malbegleiterin. Ihr wichtigstes Anliegen ist es, Lebensfreude zu vermitteln und Menschen zu ermutigen, ihre eigene Kreativität im Malen frei auszuleben. Ihre Happy Animals begeisterten Tatjana so sehr, dass sie Kontakt zu Clarissa aufnahm. Der Rest ist, wie man so, sagt Geschichte … Clarissa bietet Online-Malkurse für Menschen an, die ihre Kreativität (neu) entdecken möchten, sowie Coaching-Programme für Künstler und Kreative.
Clarissa lebt mit ihrer Familie in Baden-Württemberg.

www.clarissa-hagenmeyer.de

Anhang

Buchtipps

Anne-Katrin Mausolf: Kätzchen: Haltung, Beschäftigung, Verhalten, Gesundheit, Kosmos, 2016

Sabine Schroll: Lauter reizende … alte Katzen! Verhalten, Krankheiten, Pflege, BoD, 2014

Bettina von Stockfleth: Katzen mit Geschichte. Ein Ratgeber zur Adoption von Tierschutzkatzen, BoD, 2018

Sylvia Born: Traumkatzen: Alle Rassen, alle Farben, Müller Rüschlikon, 2012

Gabriele Metz: Katzenrassen: Die schönsten Samtpfoten aus aller Welt, Kosmos, 2011

Mircea Pfleiderer/Birgit Rödder: Was Katzen wirklich wollen, Gräfe und Unzer, 2014

Katja Rüssel: Katzen-Trickkiste: Einfache Strategien für einen entspannten Alltag mit Katze, Gräfe und Unzer, 2015

Gabriele Linke-Grün: Wohnungskatzen: Wohlfühl-Basics für kleine Tiger, Gräfe und Unzer, 2014

Links

Hinweis: Wir leben in einer schnelllebigen Zeit. Bei Erscheinen dieses Buches sind die angegebenen Webseiten aktiv und aktuell. Bitte habe Verständnis, dass sich das von Monat zu Monat ändern kann.

felisfelixblog.wordpress.com
www.felis-felix.de
www.katzen-fieber.de
www.katzenshow.com/liste-katzenvereine
www.katzen-leben.de